致奋斗者

余生很贵，请勿浪费

任　玲　编著

團结出版社

图书在版编目（CIP）数据

余生很贵，请勿浪费 / 任玲编著 . -- 北京 : 团结出版社 , 2019.4（2023.11 重印）
（致奋斗者）
ISBN 978-7-5126-7042-6

Ⅰ . ①余… Ⅱ . ①任… Ⅲ . ①成功心理—通俗读物 Ⅳ . ① B848.4-49

中国版本图书馆 CIP 数据核字（2019）第 082439 号

出　版：团结出版社
（北京市东城区东皇城根南街 84 号 邮编：100006）
电　话：（010）65228880　65244790（出版社）
（010）65238766　85113874　65133603（发行部）
（010）65133603（邮购）
网　址：http://www.tjpress.com
E - mail：zb65244790@vip.163.com
tjcbsfxb@163.com（发行部邮购）
经　销：全国新华书店
印　刷：金世嘉元（唐山）印务有限公司

开　本：145mm × 210mm　32 开
印　张：6 印张
字　数：110 千字
版　次：2019 年 4 月　第 1 版
印　次：2023 年 11 月　第 2 次印刷

书　号：978-7-5126-7042-6
定　价：29.80 元

前　言

人生就像一块画布，刚出生时是一张白纸，可以任由你涂鸦。伴随着时间沙漏不容商量地流逝，我们的人生越来越短，生命画布上留给我们落笔的地方也日渐逼仄。于是，你会发现余生很贵，不容浪费。

从出生的那一天开始，我们就和命运进行着抗争，我们会发现，你越是努力，你就越幸运。所以，你想要获得成功，千万不要抱有侥幸的心理，不要浪费你的余生，不然你真会输得一塌糊涂。

其实当我们面对挫折、失败、苦难时，千万不要害怕，我们要敢于面对，在似水流年中，这些都是命运给予你的考验，而所有的这些最后都在你的勇敢拼搏下成为你的垫脚石。你要知道，你的生活别人是无法复制的，这就是你的人生财富。

人与人之间的差距有时很小，有时又很大，而这种差距并不是体现在你努力的99%，而是体现在你那剩余的1%。我们的人生是非常短暂的，任何人都不应该放弃努力和拼搏，其实当我们在某个时候回头看一看我们走过的路，总会有让我们觉得骄傲的事情，让我们感觉到了拼搏之后获得成功的喜悦。其实所有的这一切都是我们通过自己的拼搏得来的。

余生如何度过，努力拼搏才不致虚度，正所谓：没有努力到无能为力，就不要说感动了自己！我们的拼搏如果没有办法感动自己，只能说明我们的拼搏远远不够。我们要记住，余生不能虚度，努力的终点就是无能为力，拼搏的标准是感动自己！只有我们真真正正努力拼搏了，达到感动自己的忘我境界，才能够对得起我们的余生。

而且我们每个人自从来到这个世界上就肩负了某种使命，这种使命是需要我们一生去完成的，所以我们每个人都不要小看自己，人的潜力很强大，要相信自己，而人的潜力的发掘，只能是依靠拼搏、努力、奋斗！

从现在开始，开始为你的人生做一个长远规划，并根据这个规划布好人生的局，争取在余下的人生画布上尽量少些败笔，以画出最美丽的图案。让我们拼尽一切去努力吧！

目　录

第一章　你想成为什么人，看你如何把握余生

第二章　把握好时间，体现生命的价值

第三章　稍纵即逝的机遇，让你的余生更出彩

第四章　人际关系的经营，让你更容易成功

第五章　重要的是去行动，余生本稀有

第六章　做受人欢迎的人，和大家一起努力

第七章　努力工作，为了自己的余生不寂寞

第一章
你想成为什么人，看你如何把握余生

十年以后你是谁？

这首先取决于现在的你想成为什么样的人，也就是说，你要清楚你对自己的定位是什么，你的人生目标是什么。否则，一切都只是空谈。其实，道理很简单，你不知道向哪个方向前进，到何处去，怎么可能会取得想要的结果呢？

制定目标是成功的起点

目标使人向前进而不是向后退。人的一生中，目标是行动的导航灯。没有目标，我们几乎同时失去机遇、运气和他人的支持。因为不知道自己到底想要什么，也就没有什么能帮助你的，就像大海中的航船，如果不知道靠岸的码头在哪里，也就不明确什么风对你来讲是顺风。

奋斗的动力来源于伟大的目标，骄人的成就也归功于对目标孜孜不倦的追求。

在15岁的时候，萨巴塔就把自己一生要做的事情列了一份清单，称作“生命清单”。在这份排列有序的清单中，他给自己明确了所要攻克的127个具体目标。比如，探索尼罗河的源头；攀登世界第一高峰珠穆朗玛峰；走访马可·波罗的故道；读完莎士比亚的著作；写一本书；参观月球等。

在把生命中的梦想庄严地写在纸上之后，他开始循序渐进地实践。为了实现这些目标，萨巴塔历经磨难，曾经18次死里逃生，在44年后，他以超人的毅力和非凡的勇气，在与命运的艰苦抗争中，终于实现了106个目标，成为世界上最著名的探险家。

萨巴塔的令人感动之处，不仅是因为他创造了许多人间奇迹，做了许多有益于人类的事情，更主要的是他那种矢志不渝、坚忍不拔的奋斗精神，以及由“生命清单”而延伸出来的高质量的人生。

要想做一个成功的人，首先必须有明确的人生目标。没有人生目标，也就没有具体的行动计划，没有行动计划，做事就会没有方向感，敷衍了事，临时凑合，也就没有责任感，更谈不上什么坚强毅力、斗志昂扬了。没有目标，任何才能和努力都是白费。

年轻的你应当有自己的人生目标和人生追求。在确定了目标之后，或许经过一生的奋斗也未能实现，但这并不意味着因此就失去了制定目标的价值。正因为有了目标，才能使你走向充实，而不是走向虚无，这就是制定目标的价值。

所谓制定目标，就是在人生路线上，确定自己的前进方向和目的地，即多大年龄实现什么目标，干成什么事业，要清清楚楚地在人生路线上标示出来。

任何意义上的成功与进步，都是渐进螺旋式的。目标不变，只要不断地改进方法，就一定会穿越极地，达到成功的彼岸。凡成功者，必有坚定而明确的目标。每个人都会向往一件事，但真能做事、成事的，却只有那些有意志和终极目标的人。

目标能够帮助我们集中精力。当我们不停地在自己有优势的方面努力时，这些优势会进一步发展。最终，在达到目标时，我们自己成为什么样的人比我们得到什么东西重要得多。

目标使我们有能力把握现在。虽然目标是朝向将来的，是有待将来实现的，但目标使我们能把握住现在。把大的任务看成由一连串小任务和小的步骤组成的，要实现理想，就要制定并且达到一连串的目标。每个重大目标的实现都是几个小目标小步骤实现的结果。如果你集中精力于当前手上的工作，心中明白你现在的种种努力都是为实现将来的目标铺路，那你就能成功。

不成功者有个共同的问题，他们极少评估自己取得的进展。他们中的大多数人或者不明白自我评估的重要性，或者无法量度取得的进步。目标提供了一种自我评估的重要手段。如果你的目标是具体的，是看得见摸得着的，你就可以根据自己距离最终目标有多远来衡量目前取得的进步。

成功人士总是事前决断，而不是事后补救。他们提前谋划，而不是等别人的指示。他们不允许其他人操纵他们的工作进程。目标能帮助我们事前谋划，目标迫使我们把要完成的任务分解成可行的步骤。要想制作一幅通向成功的交通图，你就要先有目标。

因为缺乏目标，许多不成功者常常混淆了工作本身与工作成果。他们以为大量的工作，尤其是艰苦的工作，就一定会带来成功。但是，衡量成功的尺度不是做了多少工作，而是做出了多少成果。

比赛尔是西撒哈拉沙漠中的一颗明珠，每年有数以万计的旅游者来到这儿。但是，在肯·莱文发现它之前，这里还是一个封闭而落后的地方。这儿的人没有一个走出过沙漠，据说不是他们不愿离开这块贫瘠的土地，而是尝试过很多次都没有走出去。

肯·莱文当然不相信这种说法。他用手语向这儿的人问原因，结果每个人的回答都一样：从这儿无论向哪个方向走，最后都还是转回出发的地方。为了证实这种说法，他做了一次实验，从比塞尔村向北走，结果三天半就走了出来。

“比塞尔人为什么走不出来呢？”肯·莱文非常纳闷。最后他只得雇用一个比塞尔人，让他带路，看看到底是为什么。他们带了半个月的水，牵了两峰骆驼。肯·莱文收起指南针等现代设备，只拄一根木棍跟在后面。

十天过去了，他们走了大约 800 里的路程。第十一天的早晨，他们果然又回到了比塞尔。这一次肯·莱文终于明白了，比塞尔人之所以走不出沙漠，是因为他们根本就不认识北斗星。

在一望无际的沙漠里，一个人如果凭着感觉往前走，会走出许多大小不一的圆圈，最后的足迹十有八九是一把卷尺的形状。比塞尔村处在浩瀚的沙漠中间，方圆上千公里没有一点参照物。若不认识北斗星又没有指南针，想走出沙漠，确实是不可能的。

肯·莱文在离开比塞尔时，带了一位叫阿古特尔的青年，就是上次和他合作的人。他告诉这位汉子，只要你白天休息，夜晚朝着北面那颗星走，就能走出沙漠。阿古特尔照着去做，三天之后果然来到了沙漠的边缘。阿古特尔因此成为比塞尔的开拓者，他的铜像被竖在小城的中央。铜像的底座上刻着一行字：新生活是从选定方向开始的。

无论你现在多大年龄，你真正的人生之旅，是从设定目标的那一天开始的，以前的日子，只不过是在绕圈子而已。今天的你，应该为十年以后的成功制定目标。

◎破茧成蝶的金玉良言

目标对人生有巨大的导向性作用。成功，在一开始仅仅是一个选择。不同的目标会有不同的人生。你选择什么样的目标，就会有什么样的成就，有什么样的人生。没有目标，我们就不会努力，因为我们不知道为什么要努力。所以，制定了目标，才能走向成功。

不可失去自己的目标

曾经有人做过这样一个实验。

将一队毛毛虫放在花盆的边缘上，让它们排成一圈，首尾相连。这些毛毛虫开始爬动，犹如一个圆形队伍，不停地沿着花盆边行进，周而复始。接着，在毛毛虫队伍旁边放了一些食物，只要这些毛毛虫旁顾一下，就可以吃到美食。用不了多久，这些毛毛虫肯定会厌倦毫无意义的爬行，掉头爬向食物。但是，毛毛虫并没有像设想的那样，而是一直爬了七天七夜，直至饿死。

毛毛虫墨守成规，虽然一直在不停地前进，却没有一个鲜明的目标作为指引，只是周而复始地“转圈圈”，最后在自己的盲目中走向了死亡。其实，很多的年轻人，就像毛毛虫一样。他们工作起来很努力，却一直没有什么成果。他们自以为只要努力就会有所成就，却不知道盲目做事就是在做“无用功”。

我们知道，吃饭是为了充饥，喝水是为了解渴，穿衣是为了避寒，购房是为了住得舒适，买车是为了行得方便。但是，很多时候，我们却不清楚自己工作努力的目标是什么。这使我们犹如“没头苍蝇”一样，四处乱撞，因为目标不够明确，做出一些吃力不讨好的事情来。

在一个生产车间，师傅正全神贯注地工作，徒弟在一旁仔细观摩、学习。过了一会儿，师傅对徒弟说：“你去给我拿一把管钳来，我要……”师傅的话还没有说完，徒弟便一溜小跑，去了工具间。

过了半天，徒弟气喘吁吁地跑了回来，手里提着一把最大号的管钳。师傅看了一眼，有点生气地说：“谁让你拿这么大号的?”徒弟很不服气，心想：“你又没告诉我拿多大的，难道我拿的不是管钳吗?”

“快去换把小号的来，我要拧紧这个螺母。”师傅有些不耐烦地向下一指。徒弟一看，自己确实拿了一个不合适的工具。于是，徒弟只得再跑一趟工具间。

年轻的你务必尽早定下一个明确的目标。倘若你有了目标，找到了明确的方向，并且又能够定期去审视目标，自然就不会多走弯路。你会很自然地将目光从努力过程转移到努力结果上来。这时，你会发现，自己过去那种漫无目的的努力是何等愚蠢，你就会不断督促自己向着目标前进。

实现人生的一切理想，努力当然不可缺，但是在行动之前，一定先弄清自己为什么而努力，什么才是自己真正想要的。

第二次世界大战时，美国的一家规模不大的缝纫机厂生意萧条，工厂老板汤姆看到战时百业俱凋，只有军火是个热门，而自己却与它无缘。于是，他把目光转向未来市场，他告诉儿子，缝纫机厂需要转产改行。

儿子问他："改成什么？"

汤姆说："改成生产残疾人用的小轮椅。"

儿子当时大惑不解，不过还是遵照父亲的意思去办。经过一番设备改造后，一批批小轮椅面世了。这时，战争刚刚结束，许多在战争中受伤致残的士兵和平民，纷纷前来购买小轮椅。来汤姆工厂的订货者络绎不绝，该产品不仅畅销美国，还远销国外。

儿子看到工厂生产规模不断扩大，财源滚滚，在满心欢喜之余，不禁又向父亲请教："小轮椅不能继续大量生产，因为需求市场快要饱和了。未来的几十年里，市场又会有什么新需要呢？"

汤姆早已成竹在胸，启发儿子说："战争结束了，人们的想法是什么呢？"

儿子想了想说："人们对战争已经厌恶透了，希望战后能过上安定美好的生活。"

"那么，美好的生活靠什么呢？要靠健康的身体。将来人们会把身体健康作为重要的追求目标。所以，我们要为生产健身器材做好准备。”汤姆进一步指点儿子。

于是，生产小轮椅的机械流水线，又被改造为生产健身器材的。最初几年，销售情况并不太好。这时汤姆已经去世，但是他的儿子坚信父亲的超前思维，仍然继续生产健身器材。结果，就在战后十多年，健身器材开始走俏，不久便成为热门货。

当时，汤姆健身器材在美国只此一家，独领风骚。老汤姆之子根据市场需求，不断增加产品的品种和产量，扩大企业规模，终于使自己进入到亿万富翁的行列。老汤姆每次都能准确地预见了未来的市场变化、为了抓住一闪即逝的机会，他早早地做好了充分的准备，财富之神果然也没有让他失望。

谋财之道更像一场马拉松赛跑而不是百米冲刺，前 100 米领先者不一定就能成为全程的冠军，甚至都不可能跑完全程。在这遥远的征途上，你的准备和积累将会起到决定性的作用。如果你自觉先天不足而又已然踏上征程，那就更要格外注意随时给自己补充营养。

美国学者经过多次统计发现，人在退休以后，患病死亡的概率明显升高。心理学家分析：人在某一岗位上工作多年，工作就会成为他生命中的一部分，一旦失去，就会感觉丧失了生活的目标，甚至无法为自己找到活下去的理由。

如果年轻的你依然没有确定的目标，很容易就会迷失人生的方向，感觉人生毫无生机。不知道自己将来会驶向何方，在这种漫无目的的生活中，十年以后，你将会一无所获。

◎破茧成蝶的金玉良言

我们要制定目标，选择策略，计划生活，梦想未来。我们需要信念的支持，这种内在的力量是无形的，是要靠自己把握的。

目标要切合实际

在一家单位做文员的杨依依每天下班回家做的第一件事，就是为自己精心打扮一番，因为在杨依依心里，一直装载着这样一个梦想：成为一名职业模特。

为此，杨依依经常请假参加各种模特选秀比赛，却遭遇了一次又一次的失败。事实上，杨依依的身高只有 164 厘米，而体重却达到了 60 千克，这样的身材与职业模特的标准差距很大，不过杨依依却乐此不疲。

鉴于杨依依经常请假外出，上司找她谈过几次，暗示杨依依"如果这样下去，单位会考虑另选他人来做这份工作"。然而，杨依依并没有把上司的话放在心上，依然我行我素，似乎在她心中，只要坚持，自己的"模特梦"就一定能够实现。

劝诫无果，这家单位最终决定解雇了杨依依。对此，杨依依并不在意，因为这份工作对她而言，早已可有可无。现在，她可以全力以赴去实现自己的梦想了。

就这样，杨依依不断地尝试，又不断地失败。30 岁以后，当身边的朋友都已在各自岗位上有了一定的作为时，不再年轻的杨依依却仍然苦叹"红颜薄命""天不见怜"。

可以说，杨依依就是一个"自不量力"的典型。她之所以一次一次的失败，就是因为其缺乏实现目标的必要条件。选择目标时，绝不可以冲动与盲目，要将目标设定得恰到好处，在实现目标的过程中，才能多些助力，少些阻力。

在一条菜市街上，小伙子正在闲逛时，发现了一个捞鱼的摊子。摊主向前来捞鱼的人提供渔网，十元钱捞一次，捞起的鱼归捞鱼者所有。

小伙子一时来了兴致，俯下身捞起鱼来。可是，他一连捞破了几张渔网，也没能将自己想要的那条鱼捞上来。看到摊主露出嘲笑望着自己，小伙子懊恼不已，忍不住高声嚷道："老板，你这渔网太薄了点吧！几乎一沾水就破，这样的网怎么能捞起鱼来呢？"

摊主不紧不慢地说："小伙子，看样子你也念过不少书，怎么连这么简单的道理都不懂呢？在一心想捞起自己看中的那条鱼时，你是否考虑过自己手中的网能否承受得起它的重量？有追求自然是好事，但也要懂得衡量自己啊！"

"但我还是觉得你这网做得太薄了，用它根本没法将鱼捞起来，"小伙子不服气地说。

"小伙子，看来你还是没有参透捞鱼的道理。其实，捞鱼和人们盲目地追求爱情、事业、金钱大有异曲同工之处。当你沉迷于眼前的目标时，你想没想过自己是否具备这个实力？"摊主循循善诱道。

当我们锁定某一目标时，是否衡量过自身的实力、考虑过自身的条件呢？事实上，随着物质生活水平的不断提高，很多年轻人在具备一定物质基础、积累一定经验以后，逐渐失去了客观判断能力。在这种情况下，多数年轻人会产生一种错误的想法："别人有的一切，我都可以拥有。"这时，他们的目标已经脱离了实际，不再与自身条件相匹配。

在 19 世纪初，拿破仑率领近 7 万大军，远征维也纳，进而又乘胜追击俄奥联军，转战摩拉维亚，一举击溃了库图佐夫元帅统领的 9 万俄奥联军，取得了奥斯特利茨战役的胜利。

这位叱咤风云的法国皇帝对此感到非常满意，于是准备"犒赏三军"，便对勇猛的部下们说："你们打算要什么？尽管说出来，我会满足你们的。"

一位部下说："我要率军收复波兰！"

拿破仑立刻回答：“这不成问题。”

又一位部下说：“我在未追随您之前是个农民，对土地有着深厚的感情，我想要一块属于自己的土地。”

拿破仑允诺：“你一定会有属于自己的土地的。”

一位将领提出：“陛下，我爱喝酒，我想得到一个酒厂。”

拿破仑毫不犹豫地说：“那就给你一个酒厂。”

这时，一位功臣提出：“陛下，如果可以的话，我想请您赏赐我一条鲱鱼。”

拿破仑笑了笑：“好家伙，就赏给他一条鲱鱼。”

拿破仑离开以后，众人围拢过来，纷纷对该人的选择表示不解。那人说：“你们向皇帝要土地、要酒厂、要收复波兰的统军权，皇帝虽然答应了，但兑现的可能小之又小。我比较现实，只要一条鲱鱼，或许真的能够得到。”

这位大臣显然是智者，他非常清楚，在行进的人生道路上，最佳目标往往并非最有价值的那个，而是最容易实现的目标。

年轻人大多志存高远、意气风发，都想成就一番大的事业。不过也正因如此，往往会将“幻想”与“理想”相混淆，追求不切实际的目标，结果，十年以后和今天一样，仍然一事无成。

年轻人胸怀抱负、志向远大，这绝对没有错，但务必记住一点，“做我们能做的，成为我们能成为的”。

◎破茧成蝶的金玉良言

目标的制定要与自身的兴趣相一致，要与自身的能力相适应，要有实现的必不可少的客观条件，否则目标就会如“空中楼阁”一样，不可能得到实现。

目标需要不断进行调整

一位调音师来到哈尔家中，给孩子的钢琴调音。那位调音师是个能手，他很仔细地锁紧了每一根琴弦，使它们都绷得恰到好处，发出正确的音符。

当调音师完成整个调音工作后，哈尔问他要付多少钱。调音师笑了笑地说："还不急，等我下次来的时候再付吧！"

哈尔不解地问道："下次？您这是什么意思？"

调音师说："明天我还会再来，然后一连4个星期每星期来一次，再接下来每3个月来一次，要来4次。"

调音师的话弄得哈尔一头雾水，不由自主地问："您说什么？钢琴不是已经调好音了吗？难道还有问题？"

调音师清了清喉咙说道："我是调好琴弦了，可是那只是暂时的，如果琴弦要保持在正确的音符上，就必须继续'调整'，所以我得再来几次，直到这些琴弦能始终维持在适当的绷紧程度。"

听完他的话，哈尔不禁叹道："原来还有这么大的学问啊！"

调琴如此，人生亦是如此。如果我们希望目标能维持长久直至实现，那就得像钢琴的调音工作一样，不断进行调整。一旦我们有了进展就得立即强化，而且这种强化的工作不能只做一次，得持续做到目标完成为止。

人生是个不断探索的过程，而实现目标的过程中也充满了许多不可知的因素。失败是难免的，正视失败也是必需的。挫折和失败的产生必定有其原因，有时并不是由于人的能力、学识的不足，而是由于错误地选择了目标，而失败正是给予了你一个重新思考，从错误中解脱的良机。所以，每个人都需要学会不断地重新认识自己的目标，学会不断反思，以使接下来的进程更有效率。

有个青年从小的理想就是当作家，为此他一如既往地努力着。10 年来，坚持每天写作 500 字。每写完一篇，他都改了又改，精心地加工润色，然后再充满希望地寄往各地的报纸杂志。遗憾的是，尽管他很努力，可是从来没有一篇文章得以发表，甚至连封退稿信都没有收到过。

28 岁那年，他总算收到了第一封退稿信。那是他多年来一直坚持投稿的刊物的一位老编辑寄来的信，信中说："看得出你是一个很上进的青年，但是我不得不遗憾地告诉你，你的知识面过于狭窄，生活经历也过于苍白，但我从你多年的来稿中发现，你的钢笔字越来越出色……"

听从老编辑的建议，他毅然放弃写作，练起了钢笔书法，果然进步很快。现在他已经是位著名的硬笔书法家了。就这样，他让理想转了个弯，走向了成功。

成功之后的他不无感触地说："一个人要想成功，理想、勇气、毅力固然重要，但更重要的是，人生路上要懂得放弃，更要懂得转弯。"

放弃某种屡试不爽或虽长期经营，但从长远来看对自己并不合适的事业，否则你就找不到属于自己的最佳位置和人生跑道。这时，不管你是情愿还是不情愿的，都得忍痛割爱。

奥乔亚经营的建筑业彻底失败了，他也因此破产了，但他顽强奋斗的意志并未磨灭。

奥乔亚没有选择重返建筑业，决定去一个截然不同的领域创业。他很快就发现自己对公众演说有独到的领悟和热情。他很快又发现这是个最容易赚钱的职业。一段时间之后，他成为一个具有感召力的一流演讲师。后来，他总结自己的工作经验而撰写的图书成为畅销书，在畅销书排行榜停留数月之久。

奥乔亚虽然放弃了建筑业，但是你不能认为他是半途而废的人，他只是调整了一下自己的目标。懂得激流勇进者，便懂得断然退出；懂得如何减少损失者，便懂得及时改变方向。

大部分人一生中至少要经过两三次变换，这个过程大约需要十年，才能最后找到适合自己特长的事业，而确定自己合理的目标，则需要同样长的一段时间。事实上，生活往往借失败之手，促使你进行一次次的探索和调整。

实际上，失败是最宝贵的财富之一，它为我们提供了独特的学习机会。成功固然可喜，但失败中才能更清晰地反映出我们身上的弱点，指导我们重新调整人生的航向。失败之后的反思是对自己人生最透彻的分析，但仅总结过去是不够的，借此时机，学习自己从前未接触过的知识，可以扩大视野，充实精神，帮助你清醒地认识自己的选择余地，并掌握适应时代变化潮流的新技能，这是重新崛起所必需的重要条件。

◎破茧成蝶的金玉良言

人生是个不断探索的过程，而实现目标的过程中也充满了许多不可知的因素。如果我们希望目标能维持长久直至实现，那就得像钢琴的调音工作一样，不断进行调整。

细化你的最终目标

科学家们曾经做过这样一个实验。

以30个人为实验对象，平均分成三组，要求各组分别走到60千米处的一个村落，观察各组人员完成任务以后的反应。

第一组，路程、目的地不详，他们的任务就是随着领队前行。结果，刚刚走了1/5的路程，组员们便开始抱怨；走到2/5的距离时，组员们开始叫苦不迭；走到3/4处时，大部分人已经发起火来；走完全程以后，所有人的脸上都带着极度的沮丧与愤怒。统计结果表明，这一组花费的时间最长，而且情绪也最为低落。

第二组，大目标确定（已知村落的名字），也知道具体路线，但沿途未设路牌，无法预计时间与速度，只能依靠经验判断。结果，走到1/2处时，已有人开始询问领队；走到3/4处时，大多数人出现消极情绪；到达终点以后，所有人都苦不堪言。

第三组，方向、目标、具体路线详知，且沿途设有路牌作为指引，领队佩戴手表告知大家行进速度、剩余路程。第三组成员以每一个路牌为小目标，逐次完成，一路上大家欢声笑语、相互调侃，不知不觉便走完了全程。统计显示，第三组所花费的时间最短，而且也是情绪最好的。

这一实验说明，看不到目标，会使人产生懈怠、恐惧、愤怒的情绪；如果能够将目标具体化，细化成若干等份，并不断明确进展速度，人们就会自觉地克服困难，以轻松的心情迎接挑战，努力实现目标。

目标必须越细越好，最好能细化到每天和每小时，让自己真真切切地看到自己的目标在哪里。实现了所有的每一个细小的目标，大目标就可以水到渠成地完成了。

以前在君士坦丁堡、巴黎、罗马，都曾尝过贫穷而挨饿的滋味，然而在纽约城，处处充溢着富贵气息，艾德尔尤其为自己的失业感到可耻。

艾德尔不知道该怎么办，因为他觉得自己能胜任的工作非常有限。他能写文章，但不会用英文写作。白天，他就在马路上东奔西走，目的倒不是为了锻炼身体，因为这是躲避房东的最好办法。

有一天，艾德尔在42号街碰见一位金发碧眼的高个子。艾德尔立刻认出他是俄国著名歌唱家夏里宾先生。艾德尔记得自己小时候，常常在莫斯科帝国剧院的门口，排在观众的行列中间，等待好久之后，才能购到一张票子，去欣赏这位先生的演唱。后来，艾德尔在巴黎当新闻记者，曾经去访问过他，艾德尔以为他是不会认识自己的，然而他却还记得艾德尔的名字。

“很忙吧？”夏里宾问艾德尔。艾德尔含糊回答了他。艾德尔想：他已一眼明白了我的境遇。“我的旅馆在第103号街，百老汇路转角，跟我一同走过去，好不好？”夏里宾问艾德尔。

这时已是中午，艾德尔已经走了5小时的马路了。艾德尔一脸苦相地说：“但是，夏里宾先生，还要走60条横马路口，路不近呢。”

“谁说的？”夏里宾毫不迟疑地说，“只有5条马路口。”

“5条马路口？”艾德尔觉得很诧异。

“是的，”夏里宾说，“但我不是说到我的旅馆，而是到第6号街的一家射击游艺场。”

这有些答非所问，艾德尔却顺从地跟着夏里宾走，一会儿就到了射击游艺场的门口，看到两名水兵，好几次都打不中目标。然后，他们继续前进。

“现在，”夏里宾说，“只有11条横马路了。”艾德尔摇摇头。

不多一会儿，走到卡纳奇大戏院，夏里宾说："我要看看那些购买戏票的观众究竟是什么样子。"几分钟之后，他们继续向前进。

"现在，"夏里宾愉快地说，"离中央公园的动物园只有5条横马路口了。里面有一只猩猩，它的脸很像我所认识的唱次中音的朋友。我们去看看那只猩猩。"

又走了12条横路口，已经来到百老汇路，他们在一家小吃店前面停了下来，橱窗里放着一坛咸萝卜。夏里宾遵医生之嘱不能吃咸菜，于是他只能隔窗望望。"这东西不坏呢，"夏里宾说，"使我想起了我的青年时期。"

艾德尔走了许多路，原该筋疲力尽了，可是奇怪得很，今天反而比往常好些。这样断断续续地走着，走到夏里宾旅馆的时候，夏里宾满意地笑着："并不太远吧？现在让我们来吃中饭。"

在午餐之前，夏里宾解释给艾德尔听，为什么要走这许多路的理由。"冬天的走路，你可以常常记在心里。这是生活艺术的一个教训：你与你的目标之间，无论有怎样遥远的距离，切记不要担心。把你的精神集中在5条横街口的短短距离，别让遥远的未来使你烦闷。要常常注意未来24小时内使你觉得有趣的小玩意儿。"

夏里宾先生把60个路口一次又一次地分割成更小的目标，最终分割到5条路口。每次只是走一段路实现一个小的目标，而未来目标实现起来就容易多了。

我们的目光不可能一下子投向十年之后，我们的手也不可能一下子就触摸到十年以后的那个目标。为了不会让自己的付出感到丝毫的累，从现在开始，我们应该一步一步走向成功，每天都能看见财富的路标，每天都能尝到成功的甘甜，体味到奋斗的喜悦与满足，脚踏实地的付出换来的永远是一种实实在在的得到。

许多年轻人，之所以在成功的路上折戟而返，往往不是因为成功的难度太大，而是觉得目标距离自己太遥远。换句话说，他们并不是因为失败才不得不放弃，而是因为胆怯走向了失败。如果他们能聪明一点，将目标化整为零，把长距离分成若干个短距离，然后分阶段实现它，那么，他们就可以因不断成功，激发出更大的动力去实现下一个目标。

◎破茧成蝶的金玉良言

每个人都有一条漫长的人生路要走，如果因为目标遥远而丧失信心、裹足不前，你的人生永远称不上完整。如果将大目标分割成一个个小目标，一步步地走近，就很容易取得成功。

锁定目标而努力

有一个叫瓦亚特的年轻人，他从未拿下过学位，而他所接受的教育也一直没有发挥过作用。

无论做什么事，瓦亚特都有始无终。有一段时间，他曾一门心思地攻读法语，可不久后，他发现，如果想要真正学好法语，首先必须对古法语具有一定的了解；可是要想掌握古法语，在拉丁语方面没有一定的造诣也是不行的；而学会拉丁语的唯一途径，就是学会梵文。于是，瓦亚特决定先从梵文学起，只是如此一来，就更加旷日持久了。

瓦亚特没有固定职业，但他从先辈那里继承了一些财产。他先从中拿出10万美元，开办了一家煤气厂，但制造煤气的煤炭价格较为昂贵，使他入不敷出，亏了一些本钱。他便以9万美元的价格将煤气厂兑了出去，办起了一座煤矿。但他没有想到，采矿所需的机械投资，数额同样大得惊人。没有办法，瓦亚特只得将煤矿的股权变卖，得到8万美元以后又转入煤矿机械制造业……就这样，瓦亚特犹如熟练的“冰上舞者”一样，在各个相关行业中不断地滑进滑出，始终没有做成一件事情。瓦亚特有过几次恋爱经历，结果都不理想。他曾对一位姑娘一见钟情，不能自拔，也向姑娘表明了心迹。为了使自己能够与佳人相匹配，瓦亚特开始刻意培养自己的精神品质，报名参加了一所星期日学校，可仅仅学了一个半月，就不再去上课了。两年后，当他自认配得上对方、可以开口求婚时，佳人早已投入了别人的怀抱。

一段时间以后，瓦亚特又疯狂地爱上了一位美丽的姑娘。这位姑娘有五个妹妹，瓦亚特第一次到姑娘家拜访，就喜欢上了姑娘的二妹，接下来又喜欢上了三妹……最后，一个也没有谈成。

瓦亚特在不断更换目标的过程中，变得越来越落魄。最后，他卖掉仅剩的一项产业，购买了一份逐年支取的终身年金。只是，可支取的金额逐年减少，瓦亚特若是长命百岁，势必会尝到挨饿的滋味。

一个摇摆不定的人，注定无所作为，因为他的目标一直在变动，如此，就不得不在各个领域空耗精力。如果你想十年以后有所建树的话，就一定要锁定合适的目标。这就如同儿时用凸透镜聚光燃纸一般，只有将光聚在一点，才能使纸片燃烧；如果聚光点不断移动，纸是不会燃烧起来的。

但凡在人生中有所建树的人，都有一个共同点：将时间、精力集中在一个目标上，专心致志，全力突破。美国著名成功学大师戴尔·卡耐基，在分析和总结了诸多失败者的案例以后，得出了这样一条结论："年轻人事业失败的一个根本原因，就是精力太分散。"

事实确实如此，看看我们身边的失败者，他们几乎都将精力分成了几份，或是不断地更换职业、重定目标，又或同时在几个领域中往来穿梭。他们直至失败还没有认识到，这个世界上，没有任何一种力量能够像"专注的目标"那样，引领人快速地走向成功。一个人的目标如果总是飘忽不定，那么他的人生注定是失败的人生。

目标的实现不可能是一帆风顺的，荣誉的桂冠是由荆棘编织出来的。人生的真谛就是"人生难得几回搏"。遇到逆境，生活的强者就像进入竞技场的优秀运动员那样，会立即兴奋起来，调动全身的潜能，去争夺胜利。成功往往属于那些锁定目标而努力的人们。你想十年以后成为一个有作为的人，现在就要锁定目标，并为之不懈努力。

◎破茧成蝶的金玉良言

如果你想十年以后有所建树的话，就一定要锁定合适的目标。这就如同儿时用凸透镜聚光燃纸一般，只有将光聚在一点，才能使纸片燃烧，如果聚光点不断移动，纸是不会燃烧起来的。

全力以赴奔向目标

在一幅漫画中出现了这样一个场景。

某人为了寻水，在地上挖了很多口井，但每一口井的深度都与地下河有一定距离。其中最深的一口距离水源，只有十几厘米。每一次他都没有继续下去，他一边对自己说这里没有水，一边扛起工具，另寻他处再挖。结果，到最后没有一口井涌出水来。

不难想象，如果画中人能看准一个可行目标便集中全力、雷打不动地掘下去，那么他早已品尝到甘甜的清泉了。

成功对于任何人而言都不是轻而易举的事情。我们不得不承认，成功往往只是少数人的果实，然而我们更应该承认的是，也只有少数人才肯为自己的理想锲而不舍、全力以赴，即便屡屡受挫，也不放弃，所以他们在坚持中稳稳抓住了胜利。

当你的眼睛看着目标时，达到目标的机会就会更大。各行业的专业人员会告诉你，在投篮、打高尔夫球或做销售拜访等等事情之前，都要先看准目标。

第二次世界大战期间，美国生产出了一种带有自动跟踪装置的鱼雷。这是一种强有力的破坏性武器。当时，美国正处在生死存亡的关头，所以这种鱼雷给美国带来了希望。当这种鱼雷对准目标发射，会随时追踪瞄准该目标。如果目标移动或改变方向，鱼雷也跟着改变。有趣的是，鱼雷是模仿人脑制造的。那就是说，在你的头脑内也有一些东西能使你对准某一目标，即使目标移动，或你向旁边走动，一旦你追踪瞄准以后，就能击中目标。

当眼睛看着目标时，你达到目标的机会就会变得无限大。不管你是胜利或失败，这项原则都能适用。

童年时代体弱多病的肯尼迪，凡事都想同身体强壮的哥哥争个高低。他们经常打架，挨揍的总是肯尼迪。父亲不准任何人干涉这种有时候弄得鼻青脸肿的冲突，理由是肯尼迪必须学会保护自己。父亲还教导儿子们："不能甘居第二，一定要瞄准第一。"

有一次，肯尼迪和哥哥在一次帆船比赛中没有拿到冠军，父亲不准他们到餐桌上吃饭。后来，肯尼迪不论对国内政治竞选还是在国际上美苏的空间竞赛，都不厌其烦地宣布一定要做到第一。

在 1960 年的总统预选中，新闻界的权威评论家都认为肯尼迪是一个副总统候选人，而肯尼迪断然拒绝接受副总统候选人的提名，毫不犹豫地把目标定为总统候选人。他在受命演说中，以充满信心的激情向听众呼吁："全人类都在等待着我们的决定。全世界都在期待着，想看看我们如何行动。我们不能辜负他们的信任。我们不能不去尝试一下。……请你们伸出手来帮助我，请你们发表意见并投我的票。"

当时，共和党推出现任副总统尼克松为总统候选人，驻联合国大使洛奇为副总统候选人。他们控制着行政部门，掌握着用人、宣传和分配公款的权力，并且得到捐款人的较多一部分捐款。在职总统艾森豪威尔的威望也成为他们一笔不容忽视的财富。人们对 8 年来的和平和繁荣感到满足，继续支持一个由共和党人组成的政府是很自然的事情。另外，尼克松头脑冷静，思维敏捷，口齿伶俐，具有广泛的竞选经验和丰富的电视演说经验，在美国人民中间的知名度要比肯尼迪高得多。肯尼迪冷静地分析了对手以后，立即调动自己的竞选班子，全力以赴开始了竞选。他知道怎样最有效地运用各种现代化工具，诸如空中旅行、电视、先遣人员、智囊团、民意测验等去唤起群众和号召群众。

肯尼迪在与尼克松进行电视辩论时，显得年轻有朝气，冷静而自然，笑容可掬，侃侃而谈。竞选的最后阶段越来越近，肯尼迪显得更加沉着和自信，演说也更奔放、更协调、更幽默。

肯尼迪靠着一定要做总统的斗志，大力发挥了高水平的演说，并最终等到了他当选的喜讯，他以49.9%选票对49.6%选票当选为美国历任以来最年轻的总统。

在任何一个行业，不管我们在寻找较好的工作、较多的财产、永久与快乐的婚姻，或者是任何事情，我们都只须一直瞄着目标前进。目标是成功的原动力，它可以是一个人、一件事，也可以是一种高度。目标是一种追求，没有人一出生就准备固守平淡，每个人都拥有自己的梦想，都渴望着自己的愿望能够实现。

看看那些在人生中、在事业上遥遥领先的人，他们无不执着地追求。他们披荆斩棘、一往无前，向着光明的目标不断地前进。他们虽然也曾跌倒，甚至摔得很重，但依然顽强地奔向终点。当他们攀上一座又一座高峰，回忆这一路走来“雄关漫道、荆棘丛生”的时候，心中流淌的一定是赢得成功的无限甘甜。

可惜的是，一些年轻人不具备“锲而不舍、全力以赴”的意志，一旦遭遇挫折，就会毫无原则地“缴械投降”；一些年轻人在距离目标仅剩一步之遥的时候，丧失了信心与耐心，选择了放弃。他们没有坚持到最后，自然也不会知道，目标其实已经离自己很近。

你甘于十年以后还一如现在平庸吗？如果不，那么从这一刻起，就请定下自己的目标，然后像希腊士兵马拉松一样，为了自己的目标全力以赴，一直跑到终点。

◎破茧成蝶的金玉良言

成功对于任何人而言都不是轻而易举的事情。成功往往只是少数人的果实，也只有少数人才肯为自己的理想锲而不舍、全力以赴，即便屡屡受挫，也不放弃，所以他们在坚持中稳稳抓住了胜利。当你确定目标以后，就要去瞄准目标，为之努力，这样你才能取得成功。

第二章

把握好时间，体现生命的价值

我们人人都要念好时间管理这本“经”。唯有对时间的科学管理，才能合理地运用有限的时间，以便更好地达到自己的目标。

先改变时间观念

一般人在不同的环境、不同的年纪、不同的心绪下，对时间可能会保持不同的看法，而这些看法之间往往是相互矛盾的。如当一个人需要料理的事情太多时，他总会感到“时间不够支配”，但是当一个人无所事事时，就又感到“不知如何消磨时间”。可见，一般人对时间的态度是极为主观的。被誉为全球最著名刑事辩护律师的德肖维茨指出，在各种时间观念之中，下列五种观念特别不利于对时间的有效运用。

（1）视时间为主宰

视时间为主宰的人，将一切责任交托在时间手中。对这种人来说，充分利用时间被当作一种信念。这种人深信“这只是时间问题”“岁月不饶人”“时间是最好的试金石”这一类的说法。在他们心目中，时间犹如驾驶员，而自己则好像是乘客！

视时间为主宰的人的一个主要行为特征，便是重形式而不重实质。例如，尽管他们有时需要更多的休息，但有些人每天总是在同一时间起床；尽管他们有时在那个时间并不感到饥饿，但是有些人每天总是在同一时间进餐。

有些人总是恪守固定的时间办事，而不愿稍作变动。例如在下班时，虽然下一班 6：05 的班车不愁没有座位，但是有人总是赶 5 : 45 那趟拥挤不堪的班车。

（2）视时间为敌人

视时间为敌人的人，经常将时间当作超越与打击的对象。以下是这种人的行为特征。

①自己设定难以完成的时限，以便“打破纪录”或“刷新纪

录”。例如，有些人开车上班喜欢寻找捷径，以便创造纪录。对这种人来说，节省下来的一点时间好像能积蓄下来似的。

②在任何约定时间的场合，因早到而感到“胜利”，因迟到而感到“沮丧”。这种“胜利”或“沮丧”的感觉，是针对时间的早晚而产生的，并非针对时间的早晚所导致的后果而产生的。

视时间为敌人，就是重效率而不重效能。“效率”基本上是一种“投入—产出”的概念，当我们能以较少的“投入”获得同等的“产出”，或是以同等的“投入”获得较多的“产出”，甚至以较少的“投入”获得较多的“产出”时，则被视为富有效率。

（3）视时间为神秘物

视时间为神秘物的人通常都认为时间高深莫测，他们对待时间的态度与他们对待自己身体的态度极为相似。除非等到他们的肠胃出了毛病，否则他们不会意识到肠胃的存在或是肠胃的重要性。同样，除非他们感觉到对时间的使用受到限制，否则他们不会意识到时间的存在或是时间的重要性。

视时间为神秘物的人因为忽视时间所带来的各种限制，所以能够专心致志地工作。这未尝不是一种长处。但是，时间对绝大多数人来说，常常是吝啬的。除非他们真正了解到这种吝啬，否则将无法适当对时间进行调配。

（4）视时间为奴隶

视时间为奴隶的人最关切的是如何管理时间。“视时间为奴隶”这种观念转化成管理者的一种行为，便是长时间地沉迷于工作，成为所谓的“工作狂”。

统计调查显示，每周工作时间超过55小时甚至60小时的人大有人在。令人感到奇怪的是：这些长时间工作的人大多数都不认为自己工作时间过长。事实上，有些人只有等到心脏病突发、太太闹情绪，或子女求见时，才会感到自己的工作时间过长了。

实际上，只要他们不对时间抱任何成见，或加以任何价值判断，而视之为中性资源，则可能对它做出比较有效的运用。视时间为中性资源，犹如人力资源、财力资源、物力资源与技术资源那样，将有助于人们切实把握“现在”，而不致迷失于“过去”或“未来”。

(5) 认为“时间还多”

著名的管理学顾问柯维在纽约讲课的时候，曾问一个班的学生，他们有没有去过尼亚加拉瀑布旅游。令他意外的是，居然摇头的人占相当高的比例。他们的道理也很简单：“因为近，心想反正什么时候要去都成，所以一直拖了下来。”妙的是那些人多半去过需要几天车程的佛罗里达或更远的夏威夷。

这就是“拖”的一种表现。拖时间的人不一定是没有时间，相反可能有充裕的时间；拖欠债款的人常在手头有钱时拖着不还，直到没有钱；拖延不给朋友回信的人也可能总是把信放在案头，天天都想回，却一拖就是几个月。

你会发现，爱迟到的人似乎总是迟到。远程的约会他要迟到；在他家旁边碰面，他可能还是迟到；连你早早到他家，坐在客厅里等，只见他东摸摸、西摸摸，到头来仍然无法准时出发。其原因是什么呢？难道是心理有毛病吗？

其实，他们的心理不是有毛病，却可能总是在心里想：

“不急嘛！时间还多！”

“不急嘛！还有一些时间！”

“不急嘛！大概正好可以赶上！”

“不急嘛！如果运气好，还不会迟到太多！”

“不急嘛！对方也可能迟到！”

最后则是：“不急嘛！反正已经迟到了！”

问题是，他这一拖就不知要拖去别人多少时间，更失去了多少宝贵的光阴和成功的机会。

课堂上，一位学生问柯维："我就是爱拖，怎么办?"

柯维的答案是："不要拖！立刻行动!"

柯维指出，当你把心里那些"不急嘛!""不急在今天!""时间还多!"的意念完全抛开，而告诉自己"立刻行动"时，你拖拖拉拉的毛病就自然被克服了。

◎破茧成蝶的金玉良言

谁对时间最吝啬，时间就对谁越慷慨。要时间不辜负你，首先你要不辜负时间。放弃时间的人，时间也放弃他。

时间管理的几个原则

现在来看一下你的时间是如何使用的。

记录自己时间的目的在于知道自己的时间是如何消耗的。为此，要记录时间的耗用情况。要掌握在精力最好的时间干最重要的事。精力最好的时间，因人而异。每个人都应该掌握自己的生活规律，把自己精力最充沛的时间集中起来，专心去处理最费精力、最重要的工作，否则，常常把最有效的时间切割成无用的或者低效率的零碎时间，这无疑是一种浪费。试着找到无效的时间，首先应该确定哪些事根本不必做，哪些事做了也是白费劲。凡发现这类事情，应立即停止这项工作，或者明确应该由别人干的工作，包括不必由你干，或别人干比你更合适的，则交给别人去干。其次还要检查自己是否有浪费别人时间的行为，如有，也应立即停止。消除浪费的时间，因为时间毕竟是个常数，人的精力总是有限的。

分析一下自己的时间都用到哪里去了？这是时间管理的第一步。介绍一个例子，惠普公司总裁普莱特把自己的时间划分得很好。他花20%的时间和客户沟通，35%的时间开会，10%的时间打电话，5%的时间看公文。剩下来的时间，他花在一些和公司无直接关系，但间接对公司有利的活动上，例如业界共同开发技术的专案、总统召集的关于贸易协商的咨询委员会等。当然，他每天也留一些空当时间来处理发生的情况，例如接受新闻界的访问等。这是他与他的时间管理顾问仔细研究讨论后得出的最佳安排。

对照一下你是否有时间管理不良的征兆？看看你是否有以下这些问题：你是否同时进行着许多个工作方案，但似乎无法全部完成？你是否因顾虑其他的事而无法集中心力来做目前该做的事？如果工作被中断你是否会特别震怒？你是否每夜回家的时候累得精疲力竭却又觉得好像没做完什么事？你是否觉得总是没有什么时间做运动或休闲，甚至只是随便玩玩也没空？

对这些问题，只要有两个回答“是”的话，那你的时间管理就出了问题。

有效的个人时间管理必须对生活的目的加以确立。先去“面对”并“发现”自己生活的目标在何处，问问自己：“为什么而忙？”“到底想要实现什么？完成什么？”问自己这些问题也不是件挺舒服的事，但对自己的生活颇有启发作用。接下来应要求自己“凡事务必求其完成”，未完成的工作，第二天又回到你的桌上，要你去修改、增订，因此工作就得再做一次。

你是否了解下面一些时间管理的原则呢？

（1）设定工作及生活目标，排好优先次序并照此执行；

（2）每天把要做的事列出一张清单；

（3）停下来想一下，现在做什么事最能有效地利用时间，然后立即去做；

（4）不做无意义的事；

（5）做事力求完成；

（6）立即行动，不可等待、拖延。

对于检讨时间管理，拿破仑·希尔曾设计了22个问题，他希望读者对这些问题能诚实地回答，切勿故意说假话来满足自己的虚荣心。因为回答这些问题的目的，在于使自己发现哪些地方应进行改善，而不是要给自己什么奖赏。现将他所设计的问题原文摘录如下：

·你制定明确的目标了吗？制订了切实可行的执行计划了吗？每天花多少时间在落实执行计划上？主动执行或是想到了才执行？

·你的成功目标是一种强烈的愿望吗？多久才会检讨一次这个愿望？

·为了达到明确目标，你做了什么付出？正在付出吗？何时开始付出？

·你采取了什么步骤来组织智囊团？你多久和成员们接触一次？你每个月、每周和每天和多少成员谈话？

·你有无接受一些小挫折作为促使自己做更大努力之挑战的习惯吗？你能从逆境中找出等值利益的关键所在吗？

·你是否把时间花在执行计划上或是老想着你所碰到的阻碍？

·你经常为了将更多的时间用来执行计划而牺牲娱乐吗？或者经常为了娱乐而牺牲工作时间？

·你能把握每一分钟时间吗？

·你把你的生活看成你过去运用时间方式的结果吗？你满意你目前的生活吗？你希望以其他方式支配时间吗？你把逝去的每一秒钟都看成生活更加进步的机会吗？

·你一直都保持有积极心态吗？是大部分时候都保持积极心态还是仅在有的时候才积极？你现在的心态积极吗？你能使自己的心态立刻积极起来吗？积极之后呢？

·当你以行动具体表现自己的积极心态时，是否真的会经常展现你的个人进取心？

·你相信会因为幸运或意外收获而成功吗？什么时候会出现这种幸运或意外收获呢？你相信你的成功都是因为自己的努力付出所换得的结果吗？你何时付出了努力？

·你曾经受到他人进取心的激励吗？你经常受到他人的影响吗？你经常真正地以他人作为榜样吗？

·你在什么情况下会表现出多付出一点点的举动？每天都会这样付出或只有在他人注意时才会多付出吗？你在表现多付出一点点的举动时的心态呢？

·你的个性吸引人吗？你会每天早晨照镜子并且改善你的微笑

和脸部表情吗？或者你只是单纯的洗脸刷牙而已？

· 你如何保持自己的自信心？你何时奉行使得自己拥有无穷智慧的激励力量？你经常忽视这些力量吗？

· 你培养自己的自律能力吗？你的失控情绪经常会使你做一些令你很快就感到遗憾的事情吗？

· 你能控制恐惧感吗？你经常表现出恐惧吗？你何时以你的信心取代恐惧？

· 你经常以他人的意见作为事实吗？每当你听到他人的意见时，你会抱着怀疑的态度吗？你经常以正确的思考来解决你所面对的问题吗？

· 你经常以表现合作的方式来争取他人的合作吗？

· 你给自己发挥想象力的机会吗？你何时运用创造力来解决问题？你有什么需要靠创造力才能解决的问题吗？

· 你会放松自己，运动并且注意你的健康吗？你计划明年才开始吗？为什么不现在就开始呢？

拿破仑·希尔认为设计这份问题单的目的，在于促使人们对自己做一番思考。一个人对于时间的运用方式充分反映出他将成功原则化为自己生活一部分的程度。如果你对上述某些问题的答案是“否”，那么你就要注意了。你要朝回答“是”的方向努力。

◎破茧成蝶的金玉良言

一切存在严格地说都需要“时间”。时间证实一切，因为它改变一切。气候寒暑，草木荣枯，人从生到死，都不能缺少时间，都从时间上发生作用。

正确的计划还是省时的好工具

就如同在旅游时需要一个路线图一样，当我们制定了目标以后，需要一个详细的行动计划。它可以告诉我们该如何从现状走向未来，告诉我们如何运用资源帮助自己实现目标，它还为目标制定了明确的工作进程和结束日程安排。人们需要计划，因为计划是实现目标的唯一手段。正确的计划还是省时的好工具。计划是重要的，而欠妥的计划不但省不了时间，还会拖延时间。

合理的计划可以给我们的工作带来很多好处：

（1）计划可以帮助我们分清工作的价值，从而能够有重点地工作，避免把时间花在简单易行且并不重要的事情上；

（2）计划可以帮助我们分清工作的前后次序，并对工作有一个最初的认识，进而能够有条不紊地工作，避免次序颠倒而因小失大；

（3）计划可以帮助我们对现在进行的工作有一个明确的认识，对接下来的工作心中有数；

（4）计划可以避免许多不必要的人力、物力浪费，尤其是多人合作开展工作，若以良好的计划来作为指引，则可以使责任明确，避免人浮于事；

（5）完善的计划是一面镜子，让我们随时可以检查自己是否已经达到预期的目标，看到自己的不足，明确今后的重点；

（6）有了计划，无形中给了我们一种压力，压力就是动力，可以使我们早日完成目标。

一个没有计划的人，做事往往没有方向，遇事则手忙脚乱。长时间下去，会打乱整个生活规律，可以说“百害而无一益”。

下面将告诉你如何制订计划：

（1）确定任务完成时间

做事情没有期限，想到哪儿做到哪儿，过一天算一天，这样只能虚度年华，再好的计划都不会有用。所以在我们做任何事情时一定要设计出完成期限。在具体实施时，一定要努力按照规定的时间完成任务。

（2）制订较详细的计划

不用担心计划清单太长，因为一旦列好了清单，下一步就是按它们的重要程度排列，把它们可以被完成的程度也考虑在内。有一些看起来似乎不错的目标，我们可能不得不把它们暂缓或抛弃，因为它超出了我们能迅速控制的范围而显得不实际。一旦目标依照次序排列出来，我们就应该决定哪些目标可以先开始进行。

（3）做出公开承诺

在制订好详细的计划后，把它公布于众，让同事们都了解你的工作日程安排。公开承诺有着双重的价值，一来能让人们知道我们想做什么，以便于人们有更多机会适应我们的做法；二来展示自己的决心。没有人会喜欢公开失败，正是这个原因使我们会加强行动的动力。

（4）经常检验自己的计划

在计划实施时，要不断地检验自己的行动，看其是否偏离自己的目标，一旦偏离就要及时纠正。越是不断检验自己的计划，我们越会充满激情地去完成目标。

（5）留有计划外的时间

在计划时间上重要的一步是不要过分安排自己的事情。如果把一天的时间都安排得满满的，没有一点空闲，那么，一旦出现不可预料的危机或机遇该怎么办？是不是日程全部被打乱掉了。尤其在完成重要工作时，一定要给自己留下一定的缓冲时间。

日程安排本身不是一种结束，只是达到目的的一种方法，要允许自己有一定的灵活性，并在计划中体现出来。大多数有经验的人在制订计划时，只安排一天中80%的时间。时间计划新手应从一天的70%的时间开始做起，实践经验会使新手很快达到专业的水平。

对于勤奋者来说，时间似乎永远不够用，但如果善于计划，则可以使我们的工作、学习、生活有条不紊地延续下去。计划并不是日常的一件琐事，它既是对令人兴奋的一天的总结，也是对更加兴奋的明天的展望。

◎破茧成蝶的金玉良言

我们常说到“生命的意义”或“生命的价值”，其实一个人活下去真正的意义和价值，不过占有几十个年头的时间罢了。生前世界没有他，他无意义和价值可言的；活到不能再活死掉了，他没有生命，自然更无意义和价值可言。

合理安排你的时间

由于昨天睡得太少，小胖今天刚吃完晚饭，就说要先去躺一下，再准备后天的考试。可是当爸爸在晚上 9 点钟叫他起来复习功课的时候，他又用被子蒙着头，含含糊糊地说：

“干脆睡到明天早上再起来念书吧，反正明天也不用上学！”

“那么你算算你一共睡了多少小时？那可是 11 个钟头啊！后天要考三科，你能这样大睡吗？另外，你明天打算几点钟上床，如果按照惯例拖到深夜 2 点，那就是 20 个小时，你可以连续读 20 个钟头的书，仍维持高效率吗？”

小胖蒙着被子想了想，跳起来。

是什么改变了他的初衷？是清醒之后的分析、判断！

当你睡得迷迷糊糊的时候，不可能有明确的判断。甚至你会发现，在早上起不来时，原有的斗志都稀里糊涂地消失了，你很可能对自己说：“哎呀！这个计划太麻烦，何必呢？算了！改天再说吧！”

许多不错的计划，都是这样被取消的！许多可以改变一生的机遇，就这样被错过了！

因此，当你决定充分利用时间的时候，一定要先使自己清醒起来，冷静地想一想究竟怎样做才合理。

(1) 一天时间的分析

我们每个人每天都有 24 小时可以支配，粗略的分配方式大致为：8 小时睡眠，8 小时工作，8 小时休息。

拿破仑·希尔认为，不应把过多的时间花在睡眠上，因为这样将有损于你的健康。也可能会偶尔从睡眠时间中“偷”一两个小时做别的事情，但这是一种不好的习惯，千万别培养不良习惯。

当你花另外 8 小时在工作上时，应该将你的全部心力集中在你的明确目标上，并展现你要多付出一点点的习惯。

最后 8 小时虽然是你的休息时间，但是仍然必须小心支配，我们常会把这段时间花在处理家里的琐事上，或是那些其他没有直接获利的事上，但它可能是你做好工作的基础。

（2）工作上的时间管理

拿破仑·希尔曾引述莱肯和温斯顿二位的著作中关于支配工作时间的建议，其大致内容如下：

找出你这一天、这一周和这个月要处理的工作，在一张纸上画出四栏，并在左上角贴上“重要而且紧急”的标签，在这一栏内填入必须立即处理的工作，并依次写下每项工作的处理日期和时间。

在右上角贴上“重要但不紧急”的标签，并填入必须做但又不必立即处理的工作。如果认为这一栏的工作上升为最重要的事时，则可以不必填写在左上角的栏中，只要依次写下每项工作的处理日期和时间，每天审查一下这一栏的工作，以确保不会有工作变成“重要而且紧急”的项目。

左下角贴上“不重要但却紧急”的标签，在这一栏中所填写的，都是一些必须立即处理的琐事，诸如某人需要你的建议，有人需要你马上去买一些小东西等等。当然你也能把这些事情记在“重要而且紧急”一栏中，但本栏的目的在于使你了解有些事物虽然“紧急”却并不等于“重要”。

最后，在右下角贴上“不重要也不紧急”的标签，你当然可以让这一栏一直空着，反正写在这一栏的工作，都是你可不必在意的项目，但本栏的目的在于告诉你事实上有许多事情是属于“不重要也不紧急的项目”。

在你的办公桌上通常会放着两种纸张：一种是有用的，一种是没有用的。你应赶快把没有用的纸都丢掉，并且绝对不要在桌上再看到任何没有用的纸张。

你用来处理那些有用资料的时间要尽可能地少。如果可能的话，你应该立即处理资料、阅读最新资料、签署授权书、写回函等等。至于像杂志类的阅读资料，应留有特定的时间来阅读。

如果你无法一次处理完文件时，应在文件上方角落的位置点一个点，当再度处理该文件时，再点一个点。如此一来，你就可以清楚地了解你是分成几次来处理相同的文件，并可趁此机会为今后做一番改进。

(3) 预算你的休闲时间

工作常常会占满所有的时间（包括你的休闲时间），除非你下决心要挪出一些时间来做你认为重要的其他事情。如果你能依照下列方法分配时间，可确保能做到应该做的事情。

①每天花 1 小时安静地思考下列事项：

· 为明确目标所制订的计划；

· 和智慧进行沟通，并表现出对目前幸福的感激之情；

· 分析自己，确定自己必须控制的恐惧心情，并且修订克服这些恐惧的计划；

· 寻求加强和谐关系的方法；

· 你希望要得到的东西。

②每天花 2 小时的时间，为你的社区、配偶或家庭提供一点点的服务，并且不要求回报。

③每天花 1 小时学习新的知识，不断为自己“充电”。

④每天花 1 小时和你的同事或你的亲密朋友接触，其余 3 小时可用来放松自己、休息、运动或做其他的事。

当你熟悉这些活动之后，便可把它们和其他事情结合在一起，你可以在坐车上班的时间思考或阅读。如果你必须开车上班的话，可以在车里听一些自修录音带。和你的同事共乘一辆车，并且利用在路上的时间，进行讨论和解决问题。如果你的休闲活动是一项值得推广的活动时，不妨教导社区内的年轻人，你也可以从事任何其他适合你做的运动。

每周以 6 天的时间按照上面的计划进行，并且在第七天时什么也不做，只是放松自己的身心，或从事一些可使你冷静达观的活动。你可利用这一天多陪陪你的家人，你会为你所做的事情感到高兴。

◎破茧成蝶的金玉良言

生命的意义解释得如此单纯，“活下去，活着，倒下，死了”，未免太可怕了。因此次一等的聪明人，同次一等的愚人，对生命的意义同价值找出第二种结论，就是：“怎么样来耗费这几十个年头。”

列一个时间记事表

使用时间记事表是控制时间最有效的工具之一。不要把填写这种表当作例行公事，它也是一种自我诊断与自我指导的方法，每隔几个月，特别是当办事效率减退时，更要采用这种方法来提高自己的办事能力。使用这种记事表要比看起来容易得多。

制一张每日时间记事表，根据你自己的状况不断加以修正。这种表可以包括两类：一类是“活动事项”；另一类是“业务功能”(活动目的)。把一天的办公时间分为每15分钟一个时间段，然后在上面打两个记号，每一类下面各一个，并且按照需要，在“附注”栏中注明你确实做了些什么。

每日时间记事表

时　间	活动事项	活动目的	附　注
6：00～6：15			
6：15～6：30			
6：30～6：45			
……			

你可以把这张表放在一边的架子上，不使用的时候就看不到它，然后每半个小时左右（不超过1个小时）填写一次。一天积累下来，填写这张表大概只要三四分钟，但是它产生的效果却极为惊人。

你会发现以前根本说不清楚时间究竟都用到哪里去了，记忆力在这方面是不可靠的，因为我们往往只记得一天中最重要的事情——也就是我们完成了某些事情的时刻——而忽略掉我们浪费或未能有效利用的时间。那些琐碎的事项，小小的分心都不太重要，所以我们也记不住。但这些正是我们最需要辨明并加以修正之处。

填写这个表两三天之后，你就会惊讶地发现，有很多地方可以改进。例如，你可能会发现你以前并不知道你竟然花了那么多的时间用于阅读贸易刊物、报纸、报告等等，因此想找出一个办法来减少用于这方面的时间。也可能会惊讶地发现，你竟然花了那么多时间用在赴约的路上，因此想办法改进行程表，一次去几个地方或多利用电话。你也可能会发现你把计划15分钟的喝咖啡、休息时间竟延长到40分钟（从办公桌到咖啡店的来回）。花40分钟或许是值得的，但是只有在你从文字记录中确实看出你究竟用了多少时间之后，你才能够判定它是不是值得花那么多时间。

不过最重要的是，你会更惊讶地发现，你实际上只用了一点点时间做你认为是最优先的事。而和你东奔西走地处理那些次优先的事务相比，你用于计划、预估时间、探寻和利用机会，以及努力达到目标等等的时间真是太少了。时间记事表具有把冷水泼在头上的效用，虽然一时间会感到不愉快，却能使人清醒过来，并且重新振作起来。

我们每个人都需要自律，就应该学会绘制或填写时间记事表。当真正做到之后，保证会出现一些惊喜的效果：在几天以内，只须用远比自己想象中的时间少得多的时间来填写记事表，它一定会为你使用时间指出重要的改进途径。

今天就开始制定一张时间记事表吧！

◎破茧成蝶的金玉良言

聪明人要理解生活，愚蠢人要习惯生活。聪明人以为目前并不完全好，一切应比目前更好，且竭力追求那个理想。愚蠢人对习惯完全满意，安于现状，保证习惯。在世俗观察上，这两种人称呼常常相反。安于习惯的人被称为聪明人，怀抱理想的人却成愚蠢人。

提高运用时间质量的4个方法

提高运用时间的质量有以下4个方法。

(1) 一开始就把事情做对

当一群人竞争的时候，哪种人能获胜？当然是“错得少的人”！这就好比开车到某地，在不赶时间的情况下，你可以说：“慢慢找嘛，错了再掉回头，总会碰上的！”但为什么不想想，如果能先看好地图，先找出正确路线，你就不必心中茫然，也就不必担心走过了再掉回头。于是省下了时间，可以做些其他的事！

时间，这正是问题所在！20年前车少，你可以很容易地掉头。今天处处是单行道，只怕错过一个出口，就要用上很长的时间才能找回去。

如此说来，为什么要匆匆行动呢？

在这讲求效率的时代，不先做出计划就匆匆动手的人，在未行动之前，已经注定了失败！

(2) 保持最佳情绪

良好的情绪是人机体的润滑剂，它可以促进生命运动，给人以充沛精力。谁都有这样的体验，人在情绪好时，心里放松，竞技状态就佳。良好的精神状态可以大大提高有用功效，减少无用功。因此，一个人要努力使自己热爱事业、热爱工作、热爱生活、乐观豁达、目光远大。尤其是刚刚步入社会、走向生活的青年人，更应学会控制自己的情绪，使自己善于控制因身体、恋爱和婚姻的挫折以及对新环境的不适应而引起的情绪不稳，保持最佳的情绪状态，以旺盛的精力、良好的心情，度过充实而有意义的高质量的人生，切莫让忧虑、犹豫和痛苦压倒自己。这种情绪既不能挽回过去，也不能改变将来，只会贻误宝贵的青春，浪费宝贵的时间。

（3）学会适当休息

从生理学观点来看，人的全身是一个整体，各个部位之所以能和谐地运动，全靠中枢神经系统的调节。神经细胞活动时，消耗神经细胞内的能量；当它处于抑制状态时，能通过生化作用使细胞新陈代谢，吸收血液中带来的养分。如果兴奋状态长时间持续下去，各种营养物质得不到补偿，神经细胞就会死亡。因此神经细胞的工作能力只能具有一定的限度，有一个临界强度值。如果工作持续太久，超过了这个临界强度值，就会出现效率的下降，这时，大脑就应用其他的行为方式，加以适当调节，才能保证工作的持久性和效率。因此，劳逸结合，适当休息显得十分重要。不能把休息仅仅理解为睡眠，休息还包括文娱体育活动、散步、旅游等有益身心的活动，锻炼身体也是积极的休息。

（4）利用最佳时间

一个人在一天 24 小时中，各个时段的精力各不相同，而不同的人又有差别。有的人早晨精力好，有的人可能晚上精力好，有的人凌晨起床后半小时最容易激发创新意识；有的人喜欢把重大问题放在早饭后考虑；有的人擅长连续思索，思绪高潮往往在连续思索开始后一小时左右出现。据统计，50% 以上的人，其能动性在一昼夜之内有显著变化，其中 17% 的人早晨能动性高，33% 的人在晚间能动性最高。我们把工作效率最高、能动性最强的那段时间称为最佳时间。每个人都应从自己的具体情况出发，根据自己“最佳时间”出现的规律，尽量将高质量的“时能”提供给最重要的需求，最大限度地开发和利用“时间能源”。

◎破茧成蝶的金玉良言

从日月来去，从草木荣枯，从生命存亡找证据。正因为任何事物都可为时间做注解，时间本身反而被人疏忽了。所以多数人提到生命的意义同价值时，没有一个人敢说“生命的意义同价值，只是一堆时间”。

善于利用零碎的时间

拿破仑说，他之所以能打败奥地利人，是因为奥地利人不懂得5分钟的价值。但在滑铁卢一战中，据说拿破仑的失败也与他没有把握好时间有关。而在如今的商品社会，快捷和准时同样重要。

“快！快！快！加快步伐！”这句警示人们的话常常出现在英国亨利八世统治时代的留言条上，旁边往往还附有一幅图画，上面是没有准时把信送到的信差在绞刑架上挣扎。当时还没有邮政事业，信件都是由政府派出的信差发送的，如果在路上延误是要被处以绞刑的。

在古老的、生活节奏缓慢的马车时代，用一个月的时间经过长途跋涉才能走完的路程，我们现在只要几个小时就可以穿越。但即使在那样的年代，不必要的耽搁也是犯罪。文明社会的一大进步是对时间的准确计量和利用。

把零碎时间用来从事零碎的工作，从而最大限度地提高工作效率。比如在乘车时，在等待时，可用于学习，用于思考，用于简短地计划下一个行动，等等。充分利用零碎时间，短期内也许没有什么明显的感觉，但长年累月，将会有惊人的成效。

滴水成河。用“分”来计算时间的人，比用“时”来计算时间的人，时间多59倍。

“噢，还有5~10分钟就要开饭了，现在什么事都干不了。”这是我们生活中最常听到的一句话。但实际上，有多少身处逆境、命运多舛的人，充分利用了时间，从而为自己建立了人生和事业的丰碑。那些虚掷了时光的人，如果能够有效利用的话，完全有可能成为出类拔萃的人物。

鲁迅先生就说过：“哪里有什么天才，我只不过把别人喝咖啡的时间用在了写作上。”

外国作家马莉恩·哈伦德也取得了非同凡响的成就，而这主要归功于他能够精打细算地利用每分每秒。作为一个繁忙的母亲，她既需要照顾孩子，又需要操劳家务。然而，任何一点闲暇，她都用来构思和创作她的小说和新闻报道。尽管她成就卓著，然而，终其一生她都受到各种各样的干扰，这种干扰使得绝大多数妇女在琐碎的家庭职责之外不可能有别的作为。由于她超常的毅力和分秒必争的态度，她做到了化平凡为神奇，而最终成就了一番事业。

无独有偶，哈丽特·斯托夫人同样是有着繁重家务的家庭主妇，但她完成了那部家喻户晓的名著——《汤姆叔叔的小屋》。类似的例子真是不胜枚举，比彻在每天等待开饭的短暂时间里读完了历史学家弗劳德长达12卷的《英国史》。朗费罗每天利用等待咖啡煮熟的10分钟时间翻译《地狱》，他的这个习惯一直坚持了若干年，直到这部巨著的翻译工作完成为止。

时间是如此宝贵，然而，浪费时间的人却随处可见。

在位于费城的美国造币厂中，在处理金粉车间的地板上，有一个木制的盒子。每次清扫地板时，这个格子就被拿了起来，里面细小的金粉随之被收集起来。日积月累，每年可以因此节约成千上万美元。

事实上，每一个成功人士都有这样一个“盒子”，用于把那些零碎的时间，那些被分割得支离破碎的时间，都收集利用起来。等着咖啡煮好的半个小时，不期而至的假日，两项工作安排之间的间隙，等候某位不守时人士的闲暇，等等，都被他们如获至宝般地加以利用。

“所有我已经完成的，准备完成的，或者是想要完成的工作，”埃利胡·布里特说，“都跟蜂窝的形成一样，是经过或即将经过长期艰巨、单调乏味、持之以恒的积累过程——材料的日积月累、思想火花的不断撞击和对真理的不断辨析。如果我是受到了某种雄心的激励，那么，我最崇高也是最热切的愿望就是能够为美国的年轻人树立这样一个榜样——把那些被称之为瞬间的点点滴滴充分利用起来，便诞生了奇迹。”

德·格里斯夫人是法兰西王后的密友，当她等待给公主上课之前，她就把时间用于创作，日积月累，她竟然写出了好几部充满吸引力的著作。苏格兰著名诗人彭斯许多优美的诗歌，是他在一个农场劳动时完成的。

《失乐园》的作者弥尔顿是一位教师，同时他还是联邦秘书和摄政官秘书。在繁忙的工作之余，他利用一些零碎的时间，抓紧每一分每一秒，坚持创作。

发明天文望远镜的伽利略同时也是一个外科医生，他以专心致志的态度和常人少有的勤劳，挤出时间从事科学研究，充分利用一分一秒的时间进行思考、探索和研究，从而为后人留下了丰硕的成果。

在我们的周围，有成千上万的青年男女对光阴的匆匆流逝视而不见、麻木不仁，不能好好珍惜时间。他们无法真正意识到时光如箭般的残酷，自信还有充裕的时间在等着他们，仿佛一个有钱人多叫几个好菜而并不在意它们是否会被白白倒掉一样。当他们在毫无顾忌地虚掷大片大片的光阴时，另外一些懂得时光如流水、年少难再来的人则在与时俱进，争分夺秒。

许多伟人之所以能流芳百世，一个重要的原因就在于他们十分惜时。他们在有限的时间里，充分利用上天赐予他们的每一分钟，一刻不停地工作并取得进步。在欧洲文艺复兴的时代，许多文学创作者同时又都是勤奋工作、恪尽职守的商人、医生、政治家、法官或是士兵。

我们每天的生活和工作时间中都有很多零碎时间，如有人约你一起吃中饭而迟到，于是你只能等待；或者你到修车厂去而车子无法按约定时间交付；或在银行排队而向前移动缓慢时，不要把这些短暂的时间白白耗费掉，完全可以利用这些时间来做一些平常来不及做的事情。

如果你留心一下会发现，我们每天中的这种时间太多了。推销员常常发现，在接待室等待和顾客面谈的时间足够他办完所有书写工作：给上一位顾客写信、计划以后拜访哪些人，填写支出费用的报告，等等。每个人都可以找些适当的细小工作，利用这个时间空当来完成，只要把必备的表格或资料带在手边就可以了。

也可以在随身带着的约会记事本内夹五六张小卡片。这种做法很有用。每当想到了一个好主意，或要开列一张表，或看到一些要抄录下来的东西，就可以使用所携带的卡片。

不要认为这种零碎时间只能用来办些例行公事或不大重要的杂事。最优先的工作也可以用这零碎的时间来完成。如果照着“分阶段法”去做，把主要工作分为许多小的“立即可做的工作”，随时都可以做些费时不多却重要的工作。

因此，如果时间因为那些效率低的人的影响而浪费掉了，请记着：这还是自己的过失，不是别人的原因。

◎破茧成蝶的金玉良言

时间，是清清的流水，你听不见它流逝的声音，也阻止不了它；时间，是一盆泼出去的水，再也收不回来。

有效利用交通时间

如果生活在大都市里，一定对每天上下班的交通问题颇有感触。通常人们每天早上要花 1 个小时在路上，而下班回家时又要花上 1 个小时。任何事情要在一生中占去这么多的时间，都应值得你特别注意。很明显，有两方面值得你认真考虑一下。

（1）你是否能缩短交通时间？

（2）你能否有效地利用这些时间？

让我们看看两个人的上班情形吧！

王先生每天开车去上班要 35 分钟。他的朋友张先生住在一个离上班地点只有 15 分钟路程的地方。王先生并不觉得其中的差异有什么特别意义——“只是多几里路而已，早已经习惯了”。但是让我们来算一算，单程相差 20 分钟，一天就相差 40 分钟，一个星期就是 3 个半小时，以一个星期工作 40 小时来计算，王先生“每年”要比张先生多花“4 个星期的工作日”在路上。

此外，当我们选购房屋的时候，上班的交通时间当然不是考虑的最重要因素，不过也还是应该好好考虑。虽然只有 5～10 分钟路程的差别，但是长年累月积聚下来，差别就大了。

对于如何有效地利用上下班的交通时间这一问题，要因人而异。对于有车一族来说，随手打开车上的收音机任意播放节目，这并不是利用这段时间的最好办法。听有助于提高外语水平的录音带，你可以采取一点别的更加有效的方法：在早晨业务汇报之前，把有关事项先想清楚；分析业务、私人问题或可能发生的事；在心里面为一天的工作先计划一番。或听新闻报道或音乐录音带，是利用这段时间的最好办法。对于无车一族来说，北京有很多白领女士利用上班路上塞车的时间进行化妆。当然还有很多人一上车就利用手机开始办公了。

重要的是避免由惰性或习惯来决定如何利用上班交通的时间。在这段时间里，要有意识地决定把注意力集中在什么方面。你会惊异地发现，如果不浪费这段时间将会获得多么宝贵的益处。

◎破茧成蝶的金玉良言

“浪费时间等于谋财害命。”这是鲁迅先生的名言。是啊，千千万万的人因虚度年华而悔恨，到头来只能“白了少年头，空悲切”。这一切时间，过得那样快，让人措手不及。

一天 48 小时，也代表生命的延长

无论是哪一国的总统、企业家，或是工人、乞丐，每个人的一天都只有 24 小时，这是上苍对人类最公平的地方。

虽然如此，但就是有人有本事把一天的 24 小时变成 48 小时来用。

我的朋友小李，他每天早上 5 点起床，先做早操，然后吃早点、看报纸，接着坐地铁去上班，车上并不是干坐着，而是听外语录音带，有时也听专业讲座录音带。由于早出门，因此不会塞车，到达办公室大多是 7 点半，他又用 7 点半到 9 点这一段时间把报纸看完，并且复印一些好的资料做了剪报，之后准备一天上班所需要的资料。中午他固定在饭后小睡 20 分钟，下午继续工作。到了下班，他会避开乘车高峰，利用一个多小时看书，在晚上 7 点左右才准备回家，因为车上人会少一些。在车上，他仍然听外语录音带或英语广播。吃过饭后，看一下晚报，和太太、小孩聊一聊，便溜进书房看书、做笔记，一直到 11 点上床睡觉。

有一次，这位朋友就对我说，他和别人不一样，因为他的一天有 48 小时，也就是说，他一天当中所做的事是别人两天的量。

我这位朋友看起来有些“工作狂”的味道，但他的成就也非是和他同年的我所能比的，他不仅事业有成，知识丰富，工作能力更是我们望尘莫及。特别是他虽然未出国留学，但他的外语能力用他外国老板的话说：“闭上眼睛听，他就是一个土生土长的英国人。”

其实他也没什么法宝，他只是不让时间白白地流逝罢了。而要让时间流逝是很容易的，发呆，看电视，一个晚上很容易就打发了。如果天天如此，一年，两年，很容易就过去，你的成就和人一比，

就明显有了差距。

因此你也有必要把一天变成48小时，让你的每一分每一秒发挥最大的效益。其实这样做并不难，把你的时间做个规划并且认真地去实践就行了。

在学校上课时都有课程表，其实这就是我们从小就学到的最基本的时间规划。你也可参考这种方式，把你一天当中什么时候要做什么事列成一张表，并且每天按表作息。一开始你会很不习惯，又因为没有人督促，所以你很有可能会“偷懒”，如果你偷懒，那么你就失败了。所以你必须坚持，再透不过气也不可松懈，过一段时间后，就会成为习惯，然后你的时间会开始“繁殖”，一天变成30小时、36小时、48小时，甚至更多。也就是说，你的时间效益提高了！

另外，由于你的生活作息是按表进行，你会发现因为时间效益的提高，时间就多出来了。如果有这种情形，你可把作息做个小调整，将多出来的零碎时间凑在一起，使之成为完整的“块状时间”，你可以利用这时间再做其他事。不过再怎么调整，总是会有一些无法控制的时间，例如塞车、等人、等车，像这种时间，有人用来阅读，有人用来背英文单词，有人用来听录音带（像我那位朋友），总之，虽然时间零碎，也不让它白白流逝。

据我了解，事业上有了不起成就的人，都很重视时间的利用，因此你若想在事业上有所成就，就必须在年轻的时候训练自己利用时间，追求时间的效益，把一天变成48小时——用来做事，也用来充实自己！

一天有48小时，也代表生命的延长，别人只能活80岁，你却活了160岁！因为你一辈子做的事是他们的两倍，或是更多。

◎破茧成蝶的金玉良言

时间对于每个人都是公平的，但不一样的人，又有截然不同的回报。一寸光阴一寸金，寸金难买寸光阴，时间是用金钱买不来的，是靠自己争取来的。在几千个逃去如飞的日子里，我们所能做到的，只有四个字：珍惜时间！

6 个办法降低干扰

由于我们生活在一个复杂的社会群体之中，所以谁也无法完全排除干扰。其实应对大多数的干扰都是属于应该做的事情，例如和顾客谈话、答复员工的问题、接听老板的电话——这些都是分内的工作。

尽管如此，如果要提高办事效率，就必须减少干扰。如果在 1 个小时内集中精力去办事，这比花 2 个小时而被打断 10 分钟或 15 分钟的效率还要高。当受到干扰之后，还得花时间重新启动你的思维机器，尤其当受到几个小时或几天的干扰之后，就更需要较长的时间来重新启动思维机器。

因此建议你采取适当的措施，尽可能降低干扰。

(1) 分析一下打给你的电话，最好是在登记几天之后

你是不是常常接到必须要转给别人接的电话？或根本没有必要的电话？如果是，研究一下采取什么办法可以减少这些电话。

例如，总机可能没问清来电者的问题，而不清楚该把这电话转接给谁。公司电话簿印有让人误解的头衔，或各电话簿的排列次序使人弄不清楚哪个部门究竟做什么样的事情，或者电话簿已有很长时间没有更新了。这些似乎都是小事情，但是如果因此而经常发生打错电话的情形，那就应该把这些问题提出来加以解决了。

不过，造成不必要干扰的最基本原因，是缺少有效的沟通。如果没有把什么时候发布新价格表、休假表，或为什么要扣除薪水告诉大家，大家就会打电话或亲自去问（干扰）某一个人。

(2) 使用回电话的办法可以减少电话干扰

有些电话是相当重要的，可以让他们的电话随时接听。但是对

于那些没有什么紧急事情的电话，只要记下对方姓名和电话号码，以便在方便的时候回电话就可以了。如果自己已经接了电话，可以当即回答说："我过半个小时再给你回电话。"这样又可以集中精力处理手头的事情而减少干扰了。然后可以集中在午饭前或快下班的时候回电话，这段时间对方一般不太愿意多谈，因此就可以更容易处理好电话问题了。

很多人喜欢煲电话粥，而且来者不拒，任何人都可以打电话找他们。如果这种做法很适合你办事的方式，那当然没有问题，如果是在公共办公室，千万不可这样。但是从节省时间来看，大多数人会发现使用回电话的办法的确可以节省时间。

(3) 一开始就定下谈话的语气

我们可以用诚恳的语气接听电话，然后再问："有什么事情现在要我做吗?"一方面表示友善；另一方面也表明你正有事要办，闲话免谈。但如果太过于友善，比如说："听到你的声音真是太好了，近来怎么样?"诸如此类的话，你等于向对方发出了一种好像很空闲的信号，那么你们之间的谈话就可能会延长好几分钟。当然这个原则也可以用在别人亲自来拜访时。

(4) 定出打电话和咨询的时间

如果让别人知道什么时间可以打电话找你，以及什么时间不希望有人打扰，这对你会大有帮助，别人也会谅解你的这种安排。如果事先解释说你希望在上午 9 点半以前和 11 点半以后，以及下午 3 点以前和 4 点半以后接见别人和接听电话，别人并不会觉得你冒犯了他；而且你在上午和下午会各有一段相当长的时间集中精力用于重要的工作上。当然也要说明，这只是一个原则，如果有紧急的事情，还是可以立刻告知你。

(5) 试试家庭办公

如果你的工作特点和工作性质许可的话，可以考虑偶尔半天或全天在家里工作，这样打扰可能会少一点儿。

(6) 来自上司的干扰

如果打扰大部分来自老板，不要认为自己应该尽量忍受，应该选择一个适当的时机（当然不是在他刚刚打扰你的时候），向他解释你希望能够更好地管理你的时间，请问他是否能每天安排一段对你们两个人都方便的时间，一起讨论一些事务，而其他时间就不要临时讨论了。你的老板很可能会很欣赏你这种讲求效率的想法，甚至把这个想法传达给每一个人，要每一个人，包括他自己，都好好考虑一下怎样把时间管理得更好。

◎破茧成蝶的金玉良言

人生能有多少个匆匆？如果你连那么一丁点时间也让它流逝的话，你的人生根本就是“我赤裸裸来到这世界，转眼间也将赤裸裸地回去吧？”毫无意义！

第三章
稍纵即逝的机遇，让你的余生更出彩

每个人的身边都充满着机遇。许多人面对机遇，熟视无睹，结果错失良机，悔之晚矣。从现在开始，时刻准备着迎接机遇的到来；到十年之后，你所抓住的机遇会将你送上人生的巅峰。

树立起机遇意识

一个青年去拜访一位雕塑家。在雕塑家的工作室里有很多雕塑，青年充满好奇地到处参观。突然，他被一尊塑像吸引住了，那尊塑像的脸被头发遮住了，在它的脚上还生有一对翅膀。注视了许久后，青年好奇地问雕塑家：“这个叫什么名字？”

雕塑家回答：“机遇之神。”

“那为什么它的脸藏了起来呢？”青年又问道。

“因为当它走近人们时，人们却很少能够看见它。”雕塑家说。

“那它脚上为什么还生着翅膀呢？”青年又追问道。

“因为它会很快飞走，一旦飞走了，人们就再也不会看见它了。”雕塑家答道。

机遇，来去匆匆，瞬息而过。机遇对任何人都是公平的，它能悄悄地来到所有人的身边。有的人手疾眼快，将机遇迎来做客；有的人却麻木呆滞，使快要到嘴的“鸭子”又飞走了。

机遇是人主动争取来的，主动创造出来的。机遇是珍贵而稀缺的，又是极易消逝的。你对它怠慢、冷落、漫不经心，它就不会向你伸出热情的手臂。主动出击的人，易俘获机遇；守株待兔的人，常与机遇无缘。如果你比一般人更主动和热情，机遇就会向你靠拢。

机遇是稍纵即逝的火花，一旦失去，再要拥有它就不容易了。当机遇向你靠拢时，往往还带着某些不确定因素，这时最明智的做法是，手疾眼快，当机立断，将它抓获，以免转瞬即逝。握住机遇，需要眼力和勇气，还需要韧劲和耐心。

所谓机遇也就是那种可遇不可求的发展时机，它的到来就如同一列快速奔驰的列车，而每一个想要登上这列快车的年轻人，根本不可能在它到来时再手忙脚乱地去抓它，到那时再想抓住它就很困难了。我们若想登上它，就得提前做好准备，比如说，首先精神要高度集中，以便能随时随地在它来临的时候迅速登上它，其次还得事先活动活动筋骨，以保证在它到来时能够四肢敏捷地一跃而起。

在事物的发展过程中，总会隐含着一些决定未来的机遇。如果我们能够把握住这种机遇，那么就意味着把握住了未来，把握住了未来也就是把握住了希望。那么，如何才能把握住机遇呢？这就需要我们树立起机遇意识，对所有事物，特别是与自己关系密切的事物保持一种灵敏的触觉。这种触觉也就是一个人的悟性，如果有了这种悟性，就很容易把握住人生发展的机遇。

前几年，只要提到手机，人们就会不约而同地想到摩托罗拉。在有人向成功后的高尔文讨教成功的秘诀时，高尔文讲起了自己小时候卖爆米花的故事。高尔文出生在美国伊利诺伊州的一个平民家庭。10 岁那年，高尔文在一个名叫哈佛的小镇上念书。哈佛镇当时是个铁路交叉点，火车一般都要停留在这里加煤加水，于是，许多孩子便趁机到火车上卖爆米花，一个个获利颇丰。

高尔文看到在车站上卖爆米花是个不错的买卖，就加入了卖爆米花孩子们的行列。为了争夺顾客，孩子们常常会发生一些争执。每当“战火”烧到高尔文身边时，他总是能很快与对方和解。他常常告诫对方：“我们这样搞下去，谁也做不成生意了。”

除了到火车上叫卖，高尔文还想了许多办法来增加销量。他用车把爆米花推到火车站或马路上叫卖，还往爆米花里掺入奶油和盐，使其味道更加可口。

卖爆米花的经历，培养了高尔文对市场动态敏锐的把握能力，也成了他日后经商生涯中赖以制胜的法宝。在以后的岁月中，每当某些产品或销售进行不下去时，高尔文就会向他的同事们讲述这个“卖爆米花的故事”。

年轻的你应该主动制造有利条件了，让机遇更快降临在你身上，这是创造机遇的能力。创造机遇，首先要克服种种障碍。错误的思想、不正确的态度、不良的心理习惯，是创造机遇的主观障碍。克服不了主观障碍，就会出现自己被自己打败的情况。

机遇，只是提供了成功的可能性，年轻人要真正获得成功，仍然需要百折不挠的奋斗。获得机遇是好事，但是不能把机遇等同于成功，不能将契机当成特权。许多勇于选择机遇、善于利用机遇的年轻人，从不畏惧艰难挫折的挑战，而是将磨难看作对生存智慧的一种检阅。他们通过机遇展现出自己的不凡身手，无论结果是成功还是失败，都当作人生中有价值的组成部分。成功了，即是取得了“阶梯式”的收获，进而继续搏击不止；失败了，即将其作为成功的铺垫。

在机遇面前需要你敢于拼搏、锲而不舍地将自身的能量最大限度地发挥出来。只有勇于战胜那些看似难以克服的困难，才能使机遇发挥出极大的效能。有些年轻人被艰难吓退，在好的机遇面前畏首畏尾，使已到手的机遇又溜掉，这样的教训实在是太多了。年轻人要努力获得梦寐以求的东西，就要记住：如果有值得追求的目标，只须找出为什么能达到这个目标的一个理由就行了，而不要去找出为什么不能达到这个目标的几十个理由。

想要你十年以后不再平凡，必须学会争取机遇，抓住机遇，勇敢地以自己的最佳优势迎接挑战，力求选择最佳方案，然后见诸于行动。机遇只能馈赠给积极寻求的探索者，而不是恩赐给守株待兔、消极等候的年轻人。

◎破茧成蝶的金玉良言

机不可失，时不再来。一个没有机遇意识的人，是不可能看到机遇到来的，当然也就更谈不上抓住机遇了。

机遇的前方就是成功

大学毕业时，詹森拥有的资金已经接近百万，这笔财富全是他大学时代兼职积累得来的。毕业后，詹森利用兼职所得的经验与资金继续向同一方面发展下去，很快就成了千万富豪。

詹森17岁考入大学，要离开家乡以及父母，住进大学生宿舍里。由于要努力适应新朋友与新环境，他常常产生一股浓厚的寂寞感。詹森想家，也想父母，更想吃母亲为他做的牛油蛋糕。

有一次，詹森写信给家里说："这儿的牛油蛋糕跟家里的不同。"一个礼拜之后，詹森竟收到母亲用特快邮递寄来的包裹。他拆开一看，包裹内是一块小小的牛油蛋糕，还附上母亲的字条，上面写道："詹森，请继续把你的思念、感想和需要，写在信中寄回来，深信天下的父母对远离的子女都有同样的牵挂，都渴望得到他（她）的讯息，了解他（她）的需要。只有如此持续密切的沟通，我们才不会觉得寂寞，你也不会感到孤单。"

母亲的这封信以及她寄来的那块牛油蛋糕，令詹森极度开心。詹森想，如果其他在校的学生，都能够像他一样得到安慰就好了。

他做梦也未曾想过这是一番事业的开端。首先令他大感意外的是，他发出去的信，竟然有90%的回音。拜托他代购蛋糕赠予寄宿于外地子女的父母人数相当多。

于是，詹森兴致勃勃地把这个兼职计划当一件正经事来办。"客户"们也乐于让他赚这个钱，因为金额总数不多，而且送到自己子女手上的还有价值连城的亲情。

詹森的这门生意越做越大，他就需要增加人手去帮助他发展业务。詹森的开支大了，有了固定人数的伙伴需要照顾之后，他就必须将业务额提高，才能产生效益。他想，这项业务在自己的大学里行得通，在别的大学里也应该有同样的效应。于是，他进军别的大学，一所接着一所大学去尝试，直至詹森大学毕业那年，已经有20%的美国大学成为他的业务据点。

詹森手中掌握了一张“客户”姓名地址清单。凭借他的信誉以及“客户”对他的信赖，他一踏出大学之门，就已经是个极有销售货品基础的商人。他开始把其他家庭商品推介到手上的客户中去。最终，詹森成为美国直销市场内一个响当当的人物。

在年轻的时候，机遇最重要。年轻人对待机遇的态度，一是要积极创造条件，二是要积极地等待、寻找。二者是一种相辅相成而又相互促进的关系，缺一不可。时机不到，你强取蛮干，只能撞得头破血流。如果你没有平日的积累，没有良好的准备，没有优良的素质，机遇即使来了，也不会落在你的头上，你只能眼睁睁地看着让别人抢去。

因为渴望成功，所以我们渴望机遇，但机遇并不会和每天升起的太阳一样经常降临在我们身边，只会像凤毛麟角一般稀罕至极，是那么的可遇而不可求。所以，当机遇来临的时候，年轻人要有足够的能力抓住它，并且学会利用机遇，不要让它从身边溜走。

机遇是很难得的，只有懂得珍惜才能体会它的珍贵。抓住机遇，就等于抓住了成功的前奏。正如托·富勒所说：“一个明智的人总是抓住机遇，把它变成美好的未来。”所以，年轻人在遇到机遇的时候，要善于利用它，使机遇带来的价值最大化。

在你的一生中，机遇也许会无数次地光顾你，但若不能及时地抓住它，它就会瞬间即逝。当然，抓住机遇也是一种能力，它会帮助你在苦苦跋涉中实现一次次飞跃，让你看到成功女神的微笑。如何利用机遇，更考验的是年轻人的能力，这种能力的获得也是一种长期积累的结果，没有哪一件事情随随便便就可以成功。

若想十年以后不后悔，你就要从现在开始坚持不懈，机遇来临时，才会有足够的能力抓住它、利用它，从而走向成功。

◎破茧成蝶的金玉良言

机遇是很难得的，只有懂得珍惜才能体会它的珍贵。抓住机遇，就等于抓住了成功的前奏。年轻人在遇到机遇的时候，要善于利用它，使机遇带来的价值最大化。

机遇青睐有准备的人

从前，有一个年轻人碰到了上帝。上帝告诉他，有大事要发生在他身上了，他有机遇得到很多的财富，他将成为一个了不起的大人物，在社会上获得显赫的地位，而且会娶到一个漂亮的妻子。

年轻人听信了上帝的话，于是终其一生都在等待这个承诺的实现，可是到头来什么事也没发生。最终，年轻人穷困潦倒地度过了他的一生，孤独地死去。

当他上了天堂，又看到了上帝，他很气愤地对上帝说："你说过要给我财富、很高的社会地位和漂亮的妻子的，可我等了一辈子，却什么都没有，你在故意欺骗我！"

上帝问他："我没说过那种话，我只承诺过要给你机遇得到财富、一个受人尊重的社会地位和一个漂亮的妻子，可是，你却让这些机遇从你身边溜走了。"

这个人露出狐疑的表情，说："我不明白你的意思。"

上帝说："你是否记得，你曾经有一次想到了一个很好的点子，可是你没有行动，因为你怕失败而不敢去尝试？"这个人点点头。

上帝继续说："因为你没有去行动，这个点子后来给了另外一个人，那个人一点也不害怕地去做了，你可能记得那个人，他就是后来变成最有钱的那个人。还有，一次城里发生了大地震，城里大半的房子都毁了，好几千人被困在倒塌的房子里，你有机会去帮忙拯救那些存活的人，可你害怕小偷会趁你不在家的时候，到你家里去打劫、偷东西。"这个人不好意思地点点头。

"那是你去拯救几百个人的好机会，而那个机会可以使你在全国得到莫大的尊敬和荣耀。"上帝继续说，"有一次，你遇到一个金发蓝眼的漂亮女子，当时你就被她强烈地吸引了，你从来不曾这么喜欢过一个女子，之后也没有再碰到过像她这么好的女子了。可是，你想她不可能会喜欢你，更不可能会答应跟你结婚，因为害怕被拒绝，你眼睁睁地看着她从身旁溜走了。”这个人又点点头，可是，他这次流下了眼泪。

上帝最后说：“我的朋友啊！就是她！她本来应是你的妻子，你们会有几个漂亮的小孩；而且跟她在一起，你的人生将会有许许多多的乐趣。”这个人无言以对，懊恼不已。

其实，我们每个人的身边都会时常围绕着很多的机遇。可是，我们经常像故事里的那个人一样，总是因为害怕而停止了脚步，结果机遇就这样偷偷地溜走了。只有及时抓住机遇的人，才能取得人生的成功；而在有准备的人眼中，抓住机遇努力改变自己，更多的机遇就会出现于眼前。

机遇是一种客观的事物，但它也是被参与认识世界、改造世界的人创造出来的，它是人的主观能动性与外界环境变化的客观必然性相结合的产物。

当一个人主观条件得到优化时，也会影响客观环境，创造出有利于个人发展的良好机遇。大量的人才成长实例证明，客观机遇降临时，自身胆识等方面素质较强的人显然要比一般人更容易捕捉到机遇。才华出众则是抓获机遇的最大资本。

聪明的人总是一方面从事手头的工作，另一方面注意捕捉取得突破或成功的时机。当时机没有成熟的时候，他积蓄力量或者寻找出路，一旦时机成熟就顺应形势或潮流，促使自己的事业达到成功。

很多人都希望成功会主动关照他们，但他们只愿意为维持生计做一些努力，自以为会幸运地抓住某个难得的成功机遇。事实上，如果你不为成功做准备，想要把握降临给你的成功机遇是很困难的。不要出现这样的情况，当你面对一桌给你准备的佳肴时，你才发现你没有健康的胃来享用它。成功需要志向高远的胸怀和执着、勇往直前的精神。

你不妨现在检视一下自己，问问自己一直以来为成功做过哪些准备。

你是否确立了自己的目标并全心全意地在为之奋斗？你是否愿意不仅辛苦地培好土、播下种，还要精心地去呵护娇嫩的幼苗和刚长出的新穗？你是否愿意多走一里路，多花费精力去捕捉可能出现在前方的机遇？你是否愿意坚持自己的信念和原则？如果必要，你是否愿意只身一人继续前行？你是否已经训练出一双识别能力很强的慧眼，当机遇一出现就能立刻认出它？

没有人可能事先知道成功将在何时降临，它永远都是以一种意想不到的形式出现，并且它向你要求的东西可能远比你目前准备给予的要多。

机遇未来时，你要做好准备迎接它。如果机遇来临时，你才手忙脚乱地准备，那机遇就会黯然离去。

机遇只给有准备的人，而我们往往因为害怕失败而不敢尝试，因为害怕被拒绝而不敢跟他人接触，因为害怕被嘲笑而不敢跟他人沟通情感，因为害怕失落的痛苦而不敢对别人付出承诺。

能否把握机遇，是决定你十年以后能否成功、能否如意的关键。用一种积极进取的态度对待生活，你的人生就会得到提升。机遇不等人，千万不要让它从你指缝中溜走，否则你就会一事无成。

◎破茧成蝶的金玉良言

只有及时抓住机遇的人，才能取得人生的成功；而在有准备的人眼中，抓住机遇努力改变自己，更多的机遇就会出现于眼前。

有才华也要懂得抓机遇

毛遂自荐需要的是勇气。有了勇气，才能站出来展示自己的才干，达到自己的目的。当然，勇气的前提是有才干，这也是利用机遇的前提，机遇只会垂青有准备的人。

没有谁一生都在充当着幸运儿的角色。机遇不会永远只停留在某个人的身边，它会在不经意间到来，也会在不经意间溜走，迟疑不定、胆怯懦弱只会放跑机遇。年轻人要想成功地改变命运，就应大胆地展示自己的才华，不要胆怯。

按理说，有才华本该有更多的机遇，但如果你恃才傲物、好高骛远，机遇还是很少的。

这是一个务实的年代，对于才华本身的定义也已经发生了改变。在当今出了名的职场精英当中，又有几个是只因为才华横溢而受人称道的呢？空有满腹才华，却无实际工作能力，这也称不上是有本事。

才华横溢的人可能比较容易出现恃才傲物、好高骛远、不愿意老在一个地方待着等毛病。但是，只要仔细观察，你就能发觉，这些毛病往往是遭人嫉妒或者受人排挤的结果，有的根本就是被外界强加的。谁愿意让别人轻易出头呢？所以，有才之人在职场上闯荡，很难取得一般意义上所说的成功，除非他洞悉了某些规律并向其妥协。

日本著名的松下公司的用人理念是只用具有70%能力的人，而不用业界最优秀的人。因为这些人做事更认真，而且友善、谦虚，对上司和同事更具亲和力。现代社会更强调团队合作精神，一个人锋芒毕露并不被认为是一件好事。因而，越来越多本来满腹才华的人将才华束之高阁。

职场中确实有这种现象，很多才华横溢的人往往不是事业的成功者，而不少能力一般的人却在事业上如鱼得水，这“不由你不信，不服也得服”的现实，确实令那些不太得志的“鸿鹄”们英雄气短。

才华横溢的人往往缺少与周围环境的良好亲和力，情商的缺陷往往使他们与团队像油与水一样难以相融。与此相对应的是，一些才智平平的人却由于懂得如何与人相处，如何把握机遇，把有限的才智用在最该用的地方，所以他们之中的一些人平步青云也就不难理解了。另外，指望一个人适应各种各样的环境，其实也不现实。

那些才华横溢的人有时并不清楚目前所处的环境是不是真的适合自己，还有没有可能以自己的主观努力变换一个新的环境，使之更适合自己。聊起自己的专业来神采飞扬，可涉及这些直接关乎自己前程的、专业之外的“琐事”，却又往往是除了叹息就是无奈。

理论上的才华永远不等于能力，才华只有体现在调控与创新上才确有价值。要让才华变成实实在在的能力，指望“躲进小楼成一统”是不可想象的。相信职场上那些不太得志的精英们只要拿出其才华的一小部分，投入到自己的“情商建设”上来，真正的成功就不会太遥远了。

才华横溢只是职业成功的千万个必要条件中的一个，甚至还不是主要的。在合适的职位上，你的智慧才能发挥出应有的价值，才有可能获得足够让社会认可你成功的财富。若遇到一个拿“红缨枪当烧火棍”使的领导，你的才华和智慧只会让你过得比别人更痛苦。

不管你是基层办事员还是高级主管，不管你是装卸工人还是编程人员，也不论你是才华横溢还是斗字不识，只要你在工作中能把你才华的最大潜能发挥出来，即使你没有惊人的事业或不名一文，你仍然是一个成功的人。调动你最大的能动性，充分体现你的人生价值，你就不会虚度光阴。

新时代的年轻人正面临着一个机遇与挑战并存的社会。在这样的社会，机遇就是一个人成才与成功的“门槛”，而年轻人只有大胆地跨过“门槛”，才能抓住机遇，争取成功的可能，而胆怯只会让机遇从眼前悄悄溜走。伴随机遇而来的，也有挑战和危险，任何一件事的成功都不可能是顺顺利利的。

胆怯是一种懦弱，懦弱的人在机遇面前不知所措，只有勇敢的人才能利用机遇一展自己非凡的才能，就如同卓别林一样，在小小的年纪就能应变自如，这就是一种勇气。生活中的很多年轻人之所以在机遇面前胆怯，就是因为害怕和机遇并存的危机，可是，年轻人没有想到的是，不勇敢地尝试，怎么能改变？

“危机”这个词本来应解释为危险和机遇，就如同挑战一样，看似危机重重，前途未卜，但只要我们勇敢面对，就能在绝境中找出一条成功登上顶峰的小路。只是，在这之前，我们也许会经受一些苦难，但只要有勇气，任何成功都不失为一种可能。

◎破茧成蝶的金玉良言

纵使拥有满腹才华，如果不懂得关注身边的机遇，及时捕捉到机遇，那么，当机遇来临时，拥有满腹才华的人也仍然会一事无成。

抓住机遇发展自己

比尔·盖茨年轻的时候，他的父母要他专心读书，以便毕业后找到理想的工作，不允许他办公司。最初，盖茨顺从了父母的意愿，进入哈佛大学刻苦攻读。但是，他感兴趣的还是办公司，于是，他和艾伦开始收集资料。

在长时间的资料收集和认真思考之后，盖茨和艾伦认为计算机工业的触角即将伸向市场核心力量——广大的民众。当这一点真正实现时，就会引发一场意义深远的技术革命。他们正处在历史即将发生巨变的关键时刻，正像汽车和飞机发展史上曾经历过的那种关键时刻，他们预见计算机必将走进千家万户。

“计算机的普及化势必到来。”艾伦不断地对盖茨重复这一点。他们如果不能顺应甚至领导这一场计算机革命，就只能被这一革命抛在后面。由于清醒地意识到了这些，盖茨决定开办属于自己的计算机公司。

盖茨后来回忆说：“保罗看见技术条件已经成熟，正等着人们去加以利用。他老是说，再不干就迟了，我们就会失去历史赋予我们的机遇。我们将遗憾终生，甚至被后人责备。”

于是，他们考虑制造自己的计算机。艾伦对计算机硬件感兴趣，而盖茨则对计算机软件情有独钟，他认为软件才是计算机的生命。

但很快，艾伦和盖茨放弃了自己动手试制新型计算机的念头。他们决定还是紧紧抓住他们最熟悉的东西——计算机软件。

“我们最终认为搞硬件容易亏损，不是我们可以去玩的艺术，”艾伦说，“我们两人的综合实力不在这上面。我们注定要搞的是软件——计算机的灵魂。”

盖茨和艾伦创办了微软公司，并取得了辉煌的成就。事实证明，这一切都是他们善于抓住机遇的结果。盖茨和艾伦看到了面前的机遇，并且牢牢地抓住了它，为此，他们不惜停止了学业。

俗话说：机不可失，时不再来。你只要抓住了机遇，就可以乘风破浪，跃上成功的巅峰。如果错失了机遇，你就可能让唾手可得的成功擦肩而过，因而懊悔不已。在某种意义上，机遇也是一种非常宝贵的财富。世界著名的石油大王洛克菲勒在谈到他的创业史时，也只说了一句话："压倒一切的是机遇。"

在实践活动中，如果年轻人能在时机来临之前就识别它，在它溜走之前就采取行动，那么，成功之神就降临了。

每个年轻人都是自己命运的设计师，每个年轻人都是自己命运的建筑师。可以说，你的命运就是由一连串的机遇联结而成的。你的一生是否精彩，关键在于你能否抓住这些人生的机遇，尤其是在你最有发展潜力的年龄段。

机遇是有情的，你抓住它，它就陪伴你一步步走向成功；机遇是无情的，你稍有疏忽，它便匆匆弃你而去。

机遇与年轻人的发展休戚相关。机遇是一个美丽而性情古怪的天使，偶尔降临在你身边，如果你稍有不慎，又将翩然而去，不管你怎样扼腕叹息，从此杳无音信，不再复返了。

英国的著名剧作家萧伯纳曾经如是说："人们总是把自己的现状归咎于机遇，我不相信机遇。出人头地的人，都是主动寻找自己所追求的机遇，如果找不到，他们就去创造机遇。"

在现实生活中，我们经常会听到一些年轻人埋怨自己运气不好，怨天尤人，怪罪父母没有给自己创造好条件，责备社会没有给自己提供好机遇，感慨生不逢时，感慨成功者赶上了好时候、好地方。然而，除了抱怨和暗自神伤以外，他们没有为自己做任何事情。这样的年轻人，不会创造机遇，只会消极等待。

你若想十年以后彻底改变现在的境况，就要远离这些消极悲观的人，积极充实自我，随时准备迎接机遇的降临。

一些年轻人空叹机遇难求，可是他们平时脑子里空空如洗，再好的机遇也只能让它悄悄溜走。考察他人的成功史，我们不难发现，机遇的到来是平时知识的积累、刻苦勤奋的结果。就像当年曾处在同一起跑线上的学生一样，他们中的一些人之所以毕业不久就取得骄人的成绩，是因为他们在学校时就只争朝夕、刻苦学习、拼搏进取，积蓄了抓住机遇的本事。

每一位年轻人都应该抓紧时间刻苦学习，用扎实丰富的知识去全面提高自己的素质和能力，这样才能更好地把握机遇，才能不断提高成功的概率。

你必须充满自信。相信自己只要拼搏苦干，便能够应付困难，完成任务；相信只要自己肯苦干，环境就会改善。

你要具备全新的观念。不胡乱排斥新思想、新作风，相反，要能够广泛吸收新知识，容忍不同意见、风格，采用对自己有用的材料。

你要具备一定创新能力。有目标地求变、求新；承认自己有不足的地方，敢于改善，并不摒弃旧东西，但敢于尝试新方法、改变方向，寻求更有效的做事方法。

你要具备一定的冒险意识。在苦干和探索阶段，能够忍受种种不确定的因素；经过周密的形势分析，相信对自己有利的条件即将出现，于是不管路上有多大障碍也要勇往直前。

你要锻炼自己的洞察力和思维能力。大多数年轻人在念书时成绩都很优异，但后来的成就却相差悬殊，关键在于有些年轻人一天到晚都在学习书本知识，而不注意培养自己的洞察力和思维能力。当面对新出现的复杂问题时，总是一筹莫展，或者粗心大意，与机遇擦肩而过，丧失取得成功的机遇。

每个年轻人不仅要尽可能地学习广博的理论知识，还要在学习中不断地锻炼自身敏锐的观察力、准确的判断力、丰富的想象力和科学的预见力，从而提高自身的综合素质。

每个年轻人都应该在平时努力提高自身的能力，苦练“内功”，时刻充实自己，为自己十年以后的未来而努力。

◎破茧成蝶的金玉良言

机遇是有情的，你抓住它，它就陪伴你一步步走向成功；机遇是无情的，你稍有疏忽，它便匆匆弃你而去。

机遇改变你的一生

通常情况下，香港女演员成名走的路有两条：一条是进入无线或者亚视艺员培训班，结业后与这两大演艺公司签约，并且逐步在一些电视剧中担当角色，逐渐走红；另一条路是参加港姐亚姐的角逐，一朝胜出，立即就会与无线或者亚视签约，成为其艺员，同样会得到一些上镜的机遇。张曼玉选择的是后一条路线。

张曼玉，1964 年 9 月 20 日出生于香港，曾经就读于圣保罗小学。9 岁的时候，她随同家人一起移居英国。在英国读完中学后便参加了工作，当时她只有 16 岁，她的第一份工作是在伦敦的一家书店当售货员。

17 岁时随母亲回香港探亲，找到一份美容化妆师的工作。有一天，张曼玉在大街上闲逛，被一家广告公司的星探发现，邀请她拍一则推销维生素汽水的广告。于是，她成了专职模特儿，先后拍了一些汽水、洗发水、电器和百货公司的广告。她那俏丽淘气的外形和窈窕动人的体形引起了杂志社的注意，使她成了一名出色的封面女郎。

1983 年，香港无线电台举办了“香港小姐”竞选活动。张曼玉感到机遇来了，决定参加选美，走向通往梦想的路。因为有一段在英国的生活经历，使她显得与众不同，最终她以清纯迷人的青春气质荣获“最上镜小姐”的称号，并获得“港姐”亚军的荣誉。

随后，张曼玉又被“无线”电视派到英国参加“环球小姐”比赛，挤进了前 15 名决赛者的行列，成为香港有史以来参加世界选美比赛成绩最好的美女。回到香港后，她身价倍增，成为演艺界受人瞩目的人物，电视电影片约随之而来，她从此走上了影视明星之路。

回忆这段历史，张曼玉自豪地说："参加香港小姐竞选是我生平做出的第一次最有勇气的决定，因为这是我进入娱乐圈的重要机遇。就算落选，我还有机会当艺员，因为演戏实在太吸引我了！"

张曼玉很有主见，从不乱接戏，总是选择好导演和好剧本再行动。她豁达地说："我 16 岁开始赚钱。如果为钱而工作，我会很不开心。我不奢侈，手上的钱可以慢慢花，所以可以慢慢等好剧本出现。"

1992 年，28 岁的张曼玉以《阮玲玉》角逐柏林电影节最佳女演员奖成功，成为夺得柏林国际电影节影后的第一位华人女星。

从张曼玉的成功经验可以看出，机遇往往只垂青于那些有眼光、能抓住机遇的年轻人。所以，年轻的你最为重要的是要抓住机遇。一旦看准了，你就毫不犹豫，像猎鹰一样立刻扑上去。

机遇出现的时候，年轻人是否有慧眼认出它，这是很重要的。这往往决定了你能否成功。年轻人想要抓住机遇，首先要练就一双慧眼，以便在机遇来临时，能一眼认出它。这就需要年轻朋友在平时培养捕捉机遇的能力。

机遇有时已经出现了，就在你的眼前，它向你递上橄榄枝。遗憾的是，你不知道这就是你找寻已久的机遇，你摆摆手，拒绝了它。机遇只能无奈地去找寻另外一个能够认出它的人。当你猛然觉醒时，它已走了很远很远，或者已经成了别人的所有物，那时的你，后悔莫及，欲哭无泪。

可惜的是，并不是所有的年轻人都明白这个道理，并不是所有的年轻人都相信机遇能改变自己的一生，能够让自己走出平庸。于是，他们在机遇来临的时候，无法认识那就是机遇，更无法利用机遇来改变自己的命运。

在日常生活中，常常会发生各种各样的事，有些事使人感到惊奇，引起多数人的注意；有些事则平淡无奇，许多人漠然视之，但这并不排除它可能包含的重要意义。

年轻的你正处在一生中成长、成熟和发展最快的黄金时期，但需要在机遇的前提下才能实现。精明的人深深懂得一次机遇对一个普通的人来说是多么宝贵，所以，面对机遇时，他从不犹豫，看准就上，于是机遇也成就了十年以后的他。

年轻人在机遇面前，如果优柔寡断、犹豫不决，就会失去机遇。因为机遇是不等人的，而且你不抓住，就被别人抓住了。

最难成功的人就是那些不能决断的人。事情对他有利时，他前怕狼后怕虎，这也顾忌那也犹豫。这种主意不定、意志不坚的人，既不会相信自己，也不会为他人所信任，机遇更不会属于他。

那些杰出的年轻人，他们的成功得益于在机遇面前有果敢决断、雷厉风行的魄力。他们有时难免犯错误，但是，他们比那些在机遇面前犹豫不决的人强得多，因为他们能抓住较多的成功机遇，取得的成就也就越大。

◎破茧成蝶的金玉良言

精明的人深深懂得一次机遇对一个普通的人来说是多么宝贵，所以，面对机遇时，他从不犹豫，看准就上，于是机遇也成就了十年以后的他。

第四章
人际关系的经营，让你更容易成功

在社会日益多元化的今天，一个人若想获得成功，仅依靠自己的知识、才能和财富已经不太可能。任何事情的办成都离不开他人的支持，任何事业的成就都离不开他人的帮助。从现在开始经营好自己的人脉，十年以后，你才能在人脉这棵参天大树下享受成功。

建立良好的人际关系

金庸的《射雕英雄传》受到很多年轻人的欢迎。郭靖是个比较愚钝的人。他 8 岁了还没有学会写字，远比不上聪慧的黄蓉，作战时，连《孙子兵法》都没读懂，但是他却成了天下人人佩服的大英雄。

但是，如果看看郭靖周围的人，你就会明白他想不成功都难。郭靖的师傅不下 10 位，既有以侠义自称的江南七怪，擅长内功心法的马钰道长，又有武功盖世的洪老帮主，童心未泯的周伯通，更不用说聪明过人的奇女子蓉儿，等等。

正是这种“多元化”的人脉组合，令他站在高人的肩膀上，“笨”得像木头一样的郭靖终成一代大侠。郭靖虽然脑子反应比较慢，但他深深懂得，独腿走不了千里路，要真正在江湖上闯出一条路来，必须兼收并蓄，集众家之长。因此，他用心地、真诚地“学”出了自己的人脉资源整合之道。

人际交往是一门艺术，并且它可能比其他某些技术还要复杂。它要求精心策划、具体实施及随时评价才会保持有效。最有效的交往是多维的，它们也有自己的生命，并在不知不觉之中对年轻人的发展做出很大的帮助。

像一个内在联系的网络一样，一个充满活力的互助网会在具有很大潜在数目的实体间建立一种有意或无意的联系。它不受地域、职业、工种或企业所限。一个真正有效的互助网会不断发展，为它的发起者带来无尽的收益。

当年轻人刚加入一个新的团体，或当你刚进入一家公司，初时你很可能是他人探秘甚至怀疑的对象，甚至可能是原来觊觎此职位的人所憎恨的对象。但你要牢记，时间能够治疗与证明一切。在你进入一家公司之初，无论周围的人有多冷漠，你都必须花时间慢慢小心地营造与他人之间的人际关系，切忌寻求短时间内的速效。

事实上，你不要把人际交往看得过于神秘。有效的交往简单易学，重要的是要找到哪种方式最适合你。如果你下定决心去建立和维护有效的互助网，那么无论你个人的风格如何，你总能学会如何做好。诸如害羞、不安和笨手笨脚等妨碍你交际的问题都可以得到克服。

不要一开始就急着要别人认清你，应该把精力花在观察周围的事物上，并提出一些切中要领的问题，而不是一味地想让别人知道你有多博学多才。对每个人都一样友好，任何人日后都可能成为你的好朋友、重要的工作伙伴，甚至变成你的顶头上司。所以千万不要预设立场，认为他今日不是个重要角色，就忽略了他的存在。

第一印象往往是最不可靠的，所以在未与人交往一段时间之前，不要立即对一个人妄加判断。同时，也不要随便听信别人的闲言闲语，让自己保持一个开朗的胸襟，以眼见的事实客观地去评断每一个人。例如，邀请一位同事一起吃午饭，这是一个轻松、非正式认识新同事的好方法。

如果你能保持一种“我真的很需要你的帮助，以便多认识这家公司”的态度来亲近同事，让他们明白你的所知有限，希望能向他们多请教一些，以便早日成为他们的一分子，你将发现由此可以受益无穷。

如果你尽喜欢听些闲言闲语，对你的声誉绝对是有害无益。最后你终将成为别人谈论的对象，同时也是一个不为他人信任的人。

从你认识的人开始，在你与他们联系上之前，你从不会知道他们的交际范围有多广，不要落入“我没有合适的联系人”的陷阱。很可能认识的某个人已经认识你需要遇到的那个人。

由于流动性不断提高以及通信技术的飞速发展，已经使建立基础广泛的互助网从设想变成现实。抓住机会与人们谈话，只为使他们成为你互助网的一部分。不要期望从每个谈话对象身上得到什么实质性的东西。如果有人愿意给你10分钟时间，就抓住它，尽管你当时不知道它会带来什么。

一旦有机会就要扩大交往面，让你遇见的每个人都知道你已经和谁谈过了。人们互相联系的方式你可能并不知道。

它能够带来广泛的机会。带来机会的人你可能并不认识而是通过你互助网中的人与你有所联系。记住有效维护互助网是一个双向的过程。尽可能经常地帮助你互助网中其他人获得他们所需要的东西，没有比让互助网中其他人认识到努力的结果是互惠更能加固互助网的了。

奥基登就职于纽约市一家大银行，奉命写一篇有关某公司的机密报告。他知道某个人拥有他非常需要的资料。于是，奥基登先生去见那个人，那个人是一家大电器公司的董事长。

当奥基登先生被迎进董事长的办公室时，一个年轻的秘书从门边探出头来，告诉董事长，她今天没有有价值的明信片可给他。“我在为我那12岁的儿子搜集明信片。”董事长对奥基登解释。

奥基登先生说明他的来意，开始提出问题。董事长的说法含糊、概括、模棱两可。他不想把心里的话说出来，无论怎样好言相劝都没有效果。这次见面的时间很短，没有实际效果。

“坦白说，我当时不知道怎么办，”奥基登后来回忆说，“接着，我想起他的秘书对他说的话——明信片，12岁的儿子……我也想起我们银行的国外部门搜集明信片的事——来自世界各地的图案优美精致的明信片。”

第二天早上，奥基登再去找那个董事长，传话进去，说有一些明信片要送给他的孩子。结果，董事长满脸带着笑意，客气得很。

“我的乔治将会喜欢这些，”董事长不停地说，一面抚弄着那些明信片，“瞧这张！这是一张无价之宝。”

他们花了一个小时谈论明信片，瞧他儿子的照片，然后又花了一个多小时，董事长把奥基登所想要知道的资料全都告诉了奥基登，而奥基登甚至并没提议他那么做。

“他把他所知道的全都告诉了我，然后叫他的下属进来，问他们一些问题。他还打电话给他的一些同行，把一些事实、数字、报告和信件，全部告诉我。”奥基登不无得意地说。

仅用很短的时间，奥基登就巧妙地运用国外部门的明信片、喜欢收集明信片的董事长儿子以及他得到的这些信息等资源成功地构建了与董事长的良好关系，同时也完美地解决了他的问题，可见资源整合对一个人的成功是何等重要。

年轻的你不要认为拓展人脉或资源整合是中年人的专利，这对年轻人也是很重要的。你可以从中学会一些做事的技巧，因为你毕竟有一天要步入社会，要和各种各样的人和事打交道，需要各种帮助。在不损害各方利益的情况下，巧妙地建立良好的人际关系，为自己办成一些以往很难办到的事情，何乐而不为呢？

为了十年以后建立通达的人脉，你现在就要学习如何拓展人脉，如何整合所需要的资源，如何利用这些资源将自己的目标实现，并使各方利益尽量达到最大化。

◎破茧成蝶的金玉良言

像一个内在联系的网络一样，一个充满活力的互助网会在具有很大潜在数目的实体间建立一种有意或无意的联系。它不受地域、职业、工种或企业所限。一个真正有效的互助网会不断发展，为它的发起者带来无尽的收益。

提前积累人脉资源

从现在起，积累你的人脉资源，经营你的人脉资源吧！人脉是年轻人通往财富和成功的门票。因此，你必须提高自己的社交本领，必须有意识地积累人脉。如果能做到这一点，你会受益无穷。

某研究中心曾经发表一份调查报告，结论指出：一个人赚的钱，12.5%来自知识，87.5%来自关系。有人说：“二十岁到三十岁时，靠专业、体力赚钱；三十岁到四十岁时，则靠朋友、关系赚钱。”由此可知，人脉在一个人的成就里扮演着多么重要的角色。

这是一个人脉决定输赢的年代。二十几岁是积累人脉的最佳时期，这个年龄段的人一般不太计较名利和得失，这时形成的人际关系会很牢靠，在人生路上会更能显示其价值。

如果你想十年以后获得成功，那么就从现在开始，充满热情地积累人脉吧！人脉越宽，路子越宽，事情就越好办。一个优秀的人，能影响他身边的人，能接受他们，使自己与他们的关系更好。好人脉是成大事最重要的因素，是必备的条件。

那么，作为年轻人，你应该如何为自己积累人脉资本呢？

(1) 要坚守诚信

诚信乃为人之本，是人一生中最重要的资本。自然，人脉的搭建也少不了诚信。一个人糟蹋自己的信用，无异于在拿自己的人格做买卖，卖得越多，留下的就越少。只有事事以“信”为重，才会有“信”满天下的那一天，到时，人脉也会遍布天下。

如果你能够凭着诚信让别人承认你、信任你，那么你就有了交天下友的巨大资本。赢得高朋满座，首先要讲诚信，获得人家对你的信任，才能结为朋友。有的人就因不守诚信而使一些有意和他深交的人感到失望。

(2) 学会尊重他人

也许，很多人会问："积累人脉，和尊重他人怎么会扯上关系呢?"其实，这两者关系非常密切。可以说，自私自利、不懂得尊重他人的人很少会有成功的机会，即便侥幸获得也无法持久。而能够让你拥有对别人产生有效影响力量的、最有把握的一个方法，就是设法让别人明白，你从心底里敬重他们。

"你想人家怎样待你，你也要怎样待人。"尊重人是做人的原则，在社交中和处理人际关系时，只有尊重人，待人真诚，才能积累自己的人脉。

作为二十几岁的年轻人，一定要学会尊重他人。也许你觉得你身边的人在水平、人品各个方面都和你不相上下，甚至还有些地方不如你，但是你也一定要尊重他，因为或许他是你人际关系中的"贵人"。

(3) 真诚赞美别人

赞美具有一种不可思议的力量，对他人真诚的赞美，正如沙漠中的甘泉一样让人的心灵受到滋润。而当你赞美他人的时候，别人也就会在乎你的价值，让你获得不容易获得的成就感。在由衷的赞美给对方带来愉快以及被肯定的满足的时候，你也十分难得地分享了一份喜悦和生活的乐趣。

可以说，赞美有着强烈的亲和力，让对方感到你对他的关心和尊敬。赞美，是理想的黏合剂，它不但会把老相识、老朋友团结得紧密，而日可以把互不相识的人连在一起。

(4) 要有感激的心

生活中，人与人的关系最微妙不过，对别人的好意或帮助，如果你感受不到或者冷漠处之，就很有可能生出种种怨恨来。想一想吧：你在工作时觉得轻松了，说不定有人在为你负重；你在享受生活的甜蜜时，说不定有人在为你付出辛劳……生活在社会大群体中，总会有人为你担心，替你着想。

享受感情雨露的人不要做“马大哈”，常存一份感激之心，会使人际关系更加和谐。情感因为有了感激，才会更牢固；友谊之树必须靠感激来滋养，才会枝繁叶茂。古人说：“滴水之恩当涌泉相报。”要时时处处想着别人，感激别人。因为有了感激，你才会拥有好的人脉。

◎破茧成蝶的金玉良言

如果你想十年以后获得成功，那么就从现在开始，充满热情地积累人脉吧！人脉越宽，路子越宽，事情就越好办。

利用人脉走向成功

很多渴望成功的年轻人常常希望直截了当地从别人那里寻求帮助或者合作，这是很不好的。你先要不断帮助别人，对每个人说："有什么需要我帮忙的吗?"如果一个人帮助了别人，别人也会希望以某种方式回报他。不要企图在一开始的时候就要求高额的回报，而应该在帮助别人的过程中展示自己的能力，只有这样，才能受到别人的赏识。

素有"点石成金的万能商人"之称的哈默，在他的事业起步时，与列宁的关系非常亲密。

哈默的父亲是个俄国移民，一个热情的社会主义者，美国共产党的创始人之一。哈默父亲的身份使哈默在访问苏联时得到了特殊的待遇。哈默第一次访问苏联正值苏联内战时期，由于连年的国内战争和外国武装力量的干涉及封锁，苏联经济已凋敝不堪，国内食品供应非常紧张，而当时美国粮食连年丰收，价格相当便宜。

尽管哈默从未做过粮食生意，但他见此情形，决定要做一笔跨国大买卖，从美国购买粮食，卖给苏联。哈默的建议得到了列宁的赏识，列宁接见了哈默，并指示外贸部门确认这笔贸易。虽然哈默并不是无私地向苏联赠予了粮食，而只是"自私"地做了一笔生意，但是也为当时的苏联解了燃眉之急。哈默与列宁因此缔结了真挚的友谊，通过这次贸易，他的钱"开始数不清"了。

1921年，在苏联做完一笔生意准备回国时，哈默偶然想起要买一支铅笔，这个偶然的想法又给他创造了绝好的机遇。他到商店一问铅笔的价格，不禁大吃一惊，每支铅笔竟然卖26美分!而当时在美国不过两三美分而已。吃惊之余，一个设想打消了哈默回家的念头。

尽管他对铅笔制造业一无所知，但他还是毅然决定在苏联建立一个铅笔厂。哈默凭着与列宁的特殊关系，取得了在苏联生产铅笔的许可证。但是哈默遇到了一个难题，就是当时苏联还没有制造铅笔的技术。哈默了解到德国纽伦堡的德伯铅笔公司是当时世界铅笔生产的垄断者，要获得技术就必须去德伯公司求经，但是德伯公司对这项技术严格保密。

哈默在德伯公司碰了钉子后，并没有灰心。他明察暗访，终于得知一名懂这项技术的德伯公司的工程师乔治·拜尔对公司很不满。于是，哈默私下里找到拜尔，许以重金请求他去苏联帮助自己，得到应允后，哈默把从德国购买的机器拆散，带着拜尔一家来到苏联。铅笔厂建成后，第一年的产值就达 250 万美元，第二年迅速增长到 400 万美元，到 1926 年，产量已达 1 亿支，不仅满足了苏联市场的需求，还出口到十几个国家和地区。从这个铅笔厂，哈默赚取了几百万美元的财富。当然，建立广泛的人际关系并不等于滥交朋友。成功人士都明白生活中最重要的事情之一就是选择恰当的人并与之交往。一个人所交往的群体对他的性格、观念、目标以及成就有着很大影响。所以，你一定要慎重选择交往的人。

多交朋友，少树敌人，对每个年轻人都是有意义的忠告，对于想成就一番大事业的年轻人来说，人际关系的质量比其他任何因素都重要。处理好人际关系的重要性已得到公认，百万富翁可能没有很高的学历，但是不能没有广泛而良好的人际关系。尤其是对于希望十年以后有所作为的年轻人来说，更要努力地拓展人脉，才能为成功打下坚实的基础。

一个年轻人想培养良好的人际关系，首先是要认识尽可能多的人，并让别人认识他。没有一个成功人士是坐在家里一个人打拼出一番事业的。如果想实现一个重大的目标，就要同许多人合作。人际关系越好，认识的人越多，成功的机会也越多。

“你要想成为百万富翁，就要试着和千万富翁打交道；你想要成为千万富翁，就要学会和亿万富翁打交道。”想要有钱，就一定要先和有钱人打交道。这不是势利，而是赚钱的途径。同样，想要成功，就要懂得与成功的人士为伍，加入成功者的圈子。

生活就像在钻圈子，从一个圈子里出来，又进入另一个圈子。在如此众多的圈子里，最重要的还是与工作有关的圈子。只有你玩转了这个圈子，才能提升自己的位子。卡耐基说：“人生事业的成功取决于85%的人际关系和15%的专业技能。”每个人都很难独自成功，建立或加入一个良好的圈子，对你的一生有重要的影响。

如果想超越现在的自己，就从现在开始扩大你的圈子，积累你的人脉，扩大你的交际范围。几年后，你会发现，在你身边到处都有可以帮助你的专业人士，一个电话、一个短信，就可以帮助你解决在别人看起来非常棘手的问题。

媒体上经常出现一个流行的词——“圈内人”，就相当于“自己人”的意思。不是自己人，什么也不好办，打不进圈子，你就是浑身是胆，也只不过算个散兵游勇，很难大红大紫。我们都很熟悉娱乐圈这三个字，这个圈子是个大圈子，在这个大圈子下又有无数个小圈子。

一个人与圈子核心越近，就越有可能成为核心。和什么人在一起，是非常重要的事情。有句话说：“你开什么档次的车不要紧，关键看是谁坐在你的车上。”年轻的你正处在积累人脉的关键时候，试着打入成功者的圈子，十年以后你才可能脱颖而出。

◎破茧成蝶的金玉良言

如果与雄鹰一起展翅飞翔，一个人的想法和行为就会像雄鹰一样；如果与母鸡交往，久而久之，一个人的所作所为、言谈举止就会像母鸡一样。

与成功的人士为友

福尔兹被称为美国杂志界的奇才。但是最初他和家人是穷得差点要饿死的波兰难民，在美国的贫民窟长大，他一生中仅上过6年学。

6岁时，福尔兹随家人移民至美国，在上学期间仍然要每天工作赚钱。打扫面包店的橱窗，派送星期六早上的报纸，周末下午到车站卖冰水，每天晚上替报纸传递以女性为主的聚会消息。他自幼就是一个“工作狂”，什么样的脏活、累活都干过。

13岁时，福尔兹辍学，到一家电信公司工作。然而，他没有忘记学习，仍然不断地自修。他省下了车钱、午餐钱，买了一套《全美名流人物传记大成》。

接着，福尔兹做了一次史无前例的壮举，他直接写信给书中的人物，询问书中没有记载的童年往事。例如，他写信问当今的总统候选人哥菲德将军，是否真的在拖船上工作过，他又写信给格兰特将军，问他有关南北战争的事。

年仅14岁，周薪只有六元二角五分的小福尔兹，就是用这种方法结识了美国当时最有名望的大人物：哲学家、诗人、名作家、军政要员、大商贾、大富翁。当时的那些名人们，也都乐意接见这位充满好奇心的、可爱的波兰小难民。

获得名人们接见的福尔兹，已经立下宏图壮志，要闯一番事业。为此，他努力学习写作技巧，然后向上流社会毛遂自荐，替他们写传记。一时间，订单如雪片般飞来，福尔兹需要雇用六名助手帮他。当时，福尔兹还未满20岁。

不久，这个传奇性的年轻人，被《家庭妇女杂志》邀聘为编辑。

福尔兹答应了，并且一做就是30年，将这份杂志变成了全美最高销量的妇女刊物。

如果你是一个穷得连吃饭都成问题，却充满创业热忱的年轻人，那就应该从福尔兹的成功之中受到启发和教益，通过获取人脉资源而拥有走向成功的机会。

当然，年轻人培养人脉和与人建立关系，更要不断地学习，主动积极地提高自己的自身素质，并运用智能和策略，讲究方法和技巧，成功地融入社会。

年轻是你的资本，但也是你的劣势。因为年轻，可能有很多弯路要走；因为年轻缺乏阅历，可能让你遭受失败或者伤害；因为年轻，你没有改变事情的足够能量。

人脉是年轻人成功的关键因素之一。人脉是越来越重要的资源。因此，年轻人只有把维护和拓展人脉当成日常功课，才能够无往不利，最终敲响成功之门。

著名激励大师安东尼·罗宾指出："我所认识的全世界所有的成功者最重要的特征是：创造人脉，维护人脉。人生中最大的财富便是人脉，因为它能开启你所需能力的每一道门，让你不断地获得财富，不断地贡献社会。"

年轻人要想在现代社会成功，是离不开人脉基础的，它也是获得成功的最直接、最有效、最迅速的手段。人脉可以帮助你成为一个受人欢迎、被人尊重、生活富足、事业成功的人。

俗话说："一个好汉三个帮，一个篱笆三个桩。"年轻人要想成功，必定要有做成大事的人脉网络和人脉支持系统。我们的祖先创造了"人"这个字，可以说是世界上最伟大的发明，是对人类最杰出的贡献。一撇一捺两个独立的个体，相互支撑、相互依存、相互帮助，构成了一个大写的"人"。"人"的象形构成完美地诠释了人的生命意义所在。

人脉如同树脉，一棵小树苗要想长成参天大树，成为栋梁之材，必须要有粗壮厚实的根脉汲取大地的营养，必须要有丰富的支脉和纤细纵横的叶脉吸收空气、阳光。

很多成功的商界人士都意识到了人脉资源对自己事业成功的重要性。曾任美国某大铁路公司总裁的史密斯说："铁路的95%是人，5%是铁。"美国石油大王约翰·洛克菲勒也说："我愿意付出比天底下得到其他本领更大的代价来获取与人相处的本领。"

无论你从事什么职业，只要你能处理好人际关系，拥有丰富的人脉资源，那么你十年以后的成功之路就已经走了一半了。现代社会的日益发展已经越来越显示出人脉的重要性，作为年轻人，更应该明白，人脉对成功是何等重要。

◎破茧成蝶的金玉良言

人脉如同树脉，一棵小树苗要想长成参天大树，成为栋梁之材，必须要有粗壮厚实的根脉汲取大地的营养，必须要有丰富的支脉和纤细纵横的叶脉吸收空气、阳光。

结交一些真诚的朋友

在年轻的时候，如果你和几个同你一样年轻且志同道合的人一起为了成功而奋斗，那是一种缘分，更是你成功的最大资本。在年轻的时候，你应该多交一些真心、真诚的朋友，那样你就能更快地走向成功，积累更多的财富，而真心的朋友将是你十年以后乃至一生的财富。

要想长久地交到真心朋友就应该建立在诚信的基础上。诚信既是人际交往的基本原则，也是人际交往的根本。值得信赖是赢得普遍尊重和信任的通行证。维系人与人之间的情谊，重要的不是技巧而是诚信。诚信给人际交往带来的价值难以估量。

维尼曼从父亲的手中接过了一家食品店，这家老店以前是一家杂货店，小有名气。维尼曼希望它在自己的手中能够更加壮大。

一天晚上，维尼曼在店里收拾，准备早早地关上店门，以便为第二天和妻子一起去度假做好准备。突然，他看到店门外站着一个年轻人，面黄肌瘦、衣服褴褛、双眼深陷，典型的流浪汉。

维尼曼是个热心肠的人。他走出去，对那个年轻人说道："小伙子，有什么需要帮忙的吗？"

年轻人略带腼腆地问道："这里是维尼曼食品店吗？"他说话带着浓重的墨西哥味儿。

"是的。"维尼曼笑着说。年轻人更加腼腆了，低着头，小声地说道："我是从墨西哥来找工作的，可是整整两个月了，我仍然没有找到一份合适的工作。我父亲年轻时也来过美国，他告诉我他曾在你的杂货店里买过东西，嗯，就是这顶帽子。"

维尼曼看见小伙子的头上果然戴着一顶破旧的帽子，那个被污渍弄得模模糊糊的"V"字形符号正是他们店的标记。"我现在没有钱回家了，也好久没有吃过一顿饱饭了。我想……”年轻人继续说着。

维尼曼知道了眼前站着的人是多年前一个顾客的儿子，他觉得应该帮助这个小伙子。于是把小伙子请进店内，好好地让他饱餐了一顿，还给了他一笔路费，让他回国。

不久，维尼曼便将此事忘了。过了十几年，维尼曼的食品店越来越兴旺，在美国开了许多家分店，他决定向海外扩展，可是他在海外没有根基，要想从头发展也是很困难的。为此维尼曼犹豫不决。

正在这时，他收到一封从墨西哥寄来的信，正是多年前他曾经帮过的那个流浪青年寄来的。此时那个年轻人已经成了墨西哥一家大公司的总经理，他在信中邀请维尼曼来墨西哥发展，与他共创事业。维尼曼喜出望外，有了那位年轻人的帮助，维尼曼很快在墨西哥建立了他的连锁店，而且发展迅速。

我们不能缺少朋友。多结交一个朋友就多一条路。在你最困难的时候，往往是你的朋友帮助了你；离开了朋友，你就会陷入无助之中。有“心眼”的你千万别远离了朋友，要知道朋友是你人生中一笔巨大的财富，是关键时刻拉你一把的靠山。

朋友多了好办事，好朋友会在你遇到困难时慷慨解囊，倾力相助。作为年轻人，我们都有一颗义气的心，“千里难寻是朋友，朋友多了路好走”。友情就像沙漠里的绿洲，要使它不消失，必须时时保持水的滋润。

◎破茧成蝶的金玉良言

多结交一个朋友就多一条路。在你最困难的时候，往往是你的朋友帮助了你；离开了朋友，你就会陷入无助之中。有“心眼”的你千万别远离了朋友，要知道朋友是你人生中一笔巨大的财富，是关键时刻拉你一把的靠山。

将人际关系处理妥当

良好的人际关系是成功不可或缺的条件。倘若今天你得罪了一个人，你就可能给自己的成功制造了一个障碍。但有些人即使因为自己的处理不当造成别人的困扰，也会满不在乎。他们的想法是，反正和这位得罪的对象今后不再有共事的机会，不道歉也没事。

然而，因为这一件事而失去的并非只是你所得罪的对象一人而已。无论任何性质的公司都是隶属某一业界的，你必须考虑你得罪的对象有可能在业界内大肆渲染，如此一来，你有可能失去一百个人的信赖。

不要轻易得罪人，因为社会是由人组成的，人活在世上，每天都和人打交道，不论是在生活上还是在事业上，都和别人有互动的关系。人要靠彼此互助才能生存，如果你离开了人际关系，会寸步难行。

得罪人是一种剥夺自己发展空间的行为。得罪一个同行，就为自己堵住了一条路。或许你认为，世界之大，得罪一个同行又何妨，不至于堵住自己的路吧！其实你错了，同行有同行的圈子，有同行的朋友，如果你处理不好，就会在行业内失去信誉，失去帮助。

假如你向人委托某工作后，因为安排失误，在最后关头决定停止那项工作，并以一张传真告知对方。由于对方为那项工作大费心思，调整自己的计划以全力配合，接获通知自然感到不悦。对方肯定会想：下回绝不再与你合作。这不是纯粹因为生气，而是担心这种情形再度出现，给他自己造成损失。

如果被得罪的人只是不想和你再度合作，对你还构成不了重大损失。然而，如果此人在业界内传开此话时，结果又将如何呢？在时时意识到人际关系作用的人们看来，“本次的结果令人遗憾”，想以一张传真草率收场的做法，简直令人难以置信。

如果考虑转行，不打算永远待在本行的人或许情有可原。如果打算在眼前所在的行业里大展宏图，一个失误即可能扼杀你在那个业界的生机，而且就算你正在考虑进军别的行业，习惯做错事不道歉，草率收拾残局，在哪个行业都无法久待。

小马毕业于名牌大学，有些孤傲，与同事沟通甚少。小刘普通本科毕业，做人也没什么架子，平时与同事一团和气。最近，公司有一个晋升机会，小马信心十足地认为非自己莫属，没想到最后领导却决定让小刘晋升。小马很不理解，难道自己的学识不如小刘吗？

企业就是一个小社会，“独行侠”无论自身能力多强，如果没有办法和同事和睦相处，也会成为拖公司后腿的“鸡肋”。领导在考评员工工作能力的时候，自然会将是否符合企业精神、能否与同事和睦相处考虑在内，而疏忽了这一点，不注意人际关系的建立和维护员工，最后难免落得与晋升、加薪无缘。这正是小马不如小刘的地方，小马没有意识到人际关系对自己发展的重要性。

人际关系高手，不仅能够识人、认人、通晓人际关系理论，而且还能活用这些知识，与人和睦相处，不会得罪别人。

工作中，如果能与同事处理好关系也是人际关系中的一大优势。无论你跟谁搭档，要想业绩好，首要条件是双方的合作和努力。很多人都觉得同事间有利益冲突，要达到真正的和谐是不可能的。

在无利益冲突时，你可以和他们保持良好的关系；在有利益冲突时，大家会公平竞争，无论谁成谁败，都不要抱怨。如果在公司中能与同事建立良好的关系，那么你的信息来源就会多，更容易掌握公司发展的趋势、公司的现状、各种力量的对比等，这也可以提升你的人气，以后有升职的机会时，你就很占优势，你在公司的地位也就越来越稳固。

无论你在哪个公司工作，都有顶头上司（当然你自己是老板除外），你的大部分工作都是和上司共事，你和上司的关系越好，你的机会就越多，出人头地也就越容易。因此，在工作方面，一定要与上司好好地交流、磋商，并尽量和他建立私人的友好关系。工作之余，多向他说一些自己的看法、工作以外的生活等，让上司更了解你。还要积极参加公司举办的各种活动，如旅游、宴会等，在这样的场合，你会发现平时威严的上司现在变得易于接近多了，这时交流比较容易，有利于和上司建立良好的关系。

建立关系、培养关系，是你迈向成功人生的关键。重要的是，你的这份心思要用对人，也就是找到能给你支持和鼓励的好伙伴。

你为了维护自己的利益而受不到他人的尊重时，请仔细想想，值得轻易动气吗？值得去大动干戈吗？如果为了一点利益而伤了和气，得罪了人，值得吗？贪图一时痛快而得罪一个人，你失去的会更多。

“外面的世界是很复杂的。”有人经常这样告诫刚刚踏入社会的年轻人。的确，外面的世界和你理想中的世界是不一样的。这就要求年轻人必须有意地去培养自己人际交往的能力和适应能力，只有这样才可能适应真正的现实社会，这是年轻人必须要具备的发展本领。

人脉是一面镜子，通过它不仅可以了解自己、了解社会、了解人生，还可以从四周的人身上学到很多东西，对于年轻朋友的成长不无帮助。

一般年轻人都爱犯一个毛病，就是自以为最了解自己。事实上，你对自己的认识极其有限，几乎无法具体地描述自己的个性、能力、长处和短处。我们很难掌握自己，唯一的办法只有拿自己与周围的人比较，或者从与人的交往中逐渐看清楚别人眼中的自己，有时候必须在多次受到长辈的斥责和朋友的规劝之后，才能恍然大悟，真正有自知之明。

我们习惯于从日常生活中了解这个社会。别人的生活经验、报纸杂志和传播媒介也可以帮助我们了解社会。可是，从生活体验中获得的社会知识毕竟太狭窄了，就如“井蛙窥天”一样，使我们难以做出准确的判断。报纸和其他传播媒体所提供的也只不过是一张“地图”，光靠这张地图，当然掌握不了活生生的现实。像这样经由狭隘的个人经验塑造出来的世界观，随着人脉资源的扩大，有可能慢慢得到修正。

对于年轻人而言，你无时不在受着他人的影响，这些人可能是你父母和亲友，也可能是你的上司和同事。从他们身上，你不仅可以更全面地认识自己，更能了解整个社会，同时也因为他们的生活态度而认识人生是什么。

◎破茧成蝶的金玉良言

人脉是一面镜子，通过它不仅可以了解自己、了解社会、了解人生，还可以从四周的人身上学到很多东西，对于年轻朋友的成长不无帮助。

注重社会关系的作用

20世纪90年代，国际上两大运动产品巨头阿迪达斯和耐克进入争霸阶段，当时阿迪达斯早已远销海外，而耐克的国际知名度远不如它。这时，NBA球场上正冉冉升起着一位历史上最伟大的球星——迈克尔·乔丹。

正当骄傲的阿迪达斯津津乐道于其产品的舒适度和科技含量时，耐克公司做了一个令双方力量对比从此发生逆转的决定——聘请迈克尔·乔丹做其产品形象代言人。

正是这一决定，令耐克的国际知名度最终掩盖了阿迪达斯的锋芒。随后几年，迈克尔·乔丹建立了他一个人的篮球时代，他的"飞人"地位无以撼动。他拥有上至美国总统、下至平民百姓的众多球迷的敬仰和喜爱，在有篮球的地方就有迈克尔·乔丹，在有乔丹的地方就有耐克的影子。耐克就这样"牵一发而动全身"，借乔丹打开了通往国际市场的大门。

耐克正是看到了乔丹所代表的"关系价值"，挖掘出了这种"关系"后面所潜藏着的巨大市场潜力，从而将竞争对手阿迪达斯抛在了身后。

著名学者费孝通先生曾经这样来阐释社会关系格局："我们的格局不是一捆一捆扎清楚的柴，而是像把一块石头丢入水中，水面上所发生的一圈圈推出去的波纹。每个人都是他的社会影响所推出的圈子的中心。每个人在某一时间某一地点所动用的圈子不一定是相同的。"

你如果想建立良好的社会关系，就必须尽量结识许多人，可是所谓社会关系，并非认识的人越多越好。你广泛结识许多人的目的，是为了从中找出可以交往一生的人。社会关系的建立，就某种意义而言类似读书。阅读大量书籍并不是为了可以炫耀自己如何学识渊博，而是为了得到一本可让你反复阅读、受益无穷的书。你必须经过一番辨别和比较，才能发现真正令你心仪的作品。

社会关系广泛是好事，但如果年轻人不能把“数量”转化为“质量”，那么就可能落到“相识满天下，知己无几人”的局面。所以，社会关系的范围广固然重要，然而能在其中寻找到自己关键的朋友更为重要。我们常见到这样的模式，一个人拥有两位重要的童年时代的朋友、两位重要的成人朋友，在他所接触的人中只对一两个特别有感情。这样的社会关系虽然数量少，但无疑很深厚，都是能在关键时候帮助自己的人，比大量的泛泛之交更有用。

少数关键的朋友对一个年轻人成功有很大的作用。若没有少数关键的朋友，年轻人很难成功。大部分年轻人在选择关键朋友时并不谨慎，甚至根本不在意，以为关键朋友自己会出现。有许多人选错了关键朋友或选了太多的朋友，却没有有效地加以利用。

如果你不喜欢对方，你就不会和他有密切的关系，同样的，他也不可能喜欢你。太多的人在自己不喜欢的人身上花了太多的时间，这完全是一种徒劳的浪费。虚伪的应酬很难受、很累，代价也很高，还会使你没有时间做重要的事情。

如果你仅仅只是喜欢一个人，而对他的能力并不看重，那你一定不会和他进一步发展更深入的关系。同样，如果你希望得到某人在专业上的帮助，你必须让他们对你的能力充满信任。

分享经验，特别是痛苦的经验，有助于拉近彼此的距离。如果你正在进行一项艰难的工作，你可以试着邀请一位你喜欢而且能力不凡的人加入你的工作中，使这份关系深厚而又有结果。如果你现在没有痛苦遭遇，就去找个可以分享事情的人，让他成为你的一个重要朋友。

自己无法信赖某人，就不要试图和他建立朋友关系，因为不能互相信赖的朋友关系不会长久。想要得到信赖，你必须时刻真诚。如果对方怀疑你的真诚，信赖感就会消失。

无论在日常生活中还是在职场中，数量少但程度深的社会关系，远远比广泛而肤浅的关系要强。在年轻的时候，你一定要精心挑选你的重要朋友，始终记住：拥有少数关键朋友比拥有泛泛之交更有用。

年轻人干事业需要扶助事业的朋友，能互诉衷肠的朋友，有共同兴趣爱好的朋友，等等。朋友是人际关系必备的资源之一。一个年轻人的命运在很大程度上取决于朋友。

物以类聚，人以群分。年轻人所交的朋友必定和他有共同之处，更能相互影响，朋友会影响到他的目标、行为和斗志。

人的行为会经由团体而改变。假如你跟一个很重视健康的人在一起，他每天运动，而你不运动就很怪异，所以你也开始运动。如果你在一个高效的团队之中，大家每天都在做有效的事情，而你在那里游手好闲，你自己都会觉得不自在，然后你会跟他们一样努力，否则，你要么被众人排斥，变成孤家寡人，要么只能离开这个团队。

朋友对你的影响力实在是非常非常大。当你了解这点后，接下来不妨拿出纸和笔，分析一下目前跟你最接近的有哪三位朋友，他们到底是给了你正面的影响还是负面的影响。

榜样的力量是无穷的，优秀的朋友激励你不断进取。朋友与书籍一样，好的朋友不仅是良伴，也是老师。

一个人在年轻的时候把自己的社交圈子扩得大一点，多结识天下的英才，可以为十年以后的成功打下坚实的基础。

俗话说，“千人千品，万人万品”。年轻人社交圈子越大，接触的人也就越多，就越能了解更多人的品性，有助于避免简单化，克服片面性。即使在社交中受到愚弄，甚至遭人暗算，也可以“吃一堑，长一智”，从中去吸取一些经验教训，也是十分难得的人生经历。人际交往是对头脑的磨炼，可以使年轻人成熟、稳重起来，还可以锻炼观察力。

闭门造车的时代已经过去了，一个人的力量毕竟是有限的，更何况是年纪轻轻的你呢！你要想干一番事业，除了自己的奋斗，也需要借助别人的力量。追求共同目标，就有共同语言，就能团结起来。一滴水汇进海洋就永不枯竭，一个人融入集体就不再孤单，而是力量无穷。

◎破茧成蝶的金玉良言

社会关系在每个人的一生中始终占有着不容替代的位置，是任何人都不能忽视的力量，它就像人发展的一条潜规则，谁把它置之度外，就要为它付出沉重的代价。

第五章

重要的是去行动，余生本稀有

无论你的理想多么崇高，你的目标多么远大，如果你只停留在想想的阶段，那么再崇高的理想也不可能实现，再远大的目标也不可能达到。若想避免这种悲剧发生，你就要从现在开始行动起来，才能在十年以后收获自己成功的果实。

有想法就行动起来

在希腊神话中，智慧女神雅典娜，从宙斯劈开的脑袋中披甲执戈一跃而出。人们最高的理想、最大的创意、最宏伟的憧憬也像雅典娜一样，往往是在某一瞬间突然从头脑中很完备、很有力地跃出来的。

一个神奇美妙的景象突然像闪电般地侵入一位艺术家的心间，但是，他不想立刻提起画笔将那景象绘在画布上。虽然这个景象占据了他全部的心灵，然而他总是不跑进画室埋首挥毫。最后，这神奇的景象渐渐地从他的心扉上淡去！

你是不是也经常有这样的创意、想法？那么赶快行动，把它付诸实践吧！

一张地图，不论它有多么详细，比例尺有多么精密，绝不能够带它的主人在地面上移动一寸；一本羊皮纸的法禅，不论它有多公正，绝不能够预防罪行。所以，唯有行动，才是滋润成功的水分。

从现在开始，一定要记住萤火虫的启示。因为它只在行动的时候才会放出光。试着将自己变成一只萤火虫，即使在太阳底下，也能看见你的光。要奋斗，要成功，就要做萤火虫，用自己行动的光芒照亮前程。

在日常的生活中，你也许经常听到这样的话："我要等等看，情况会好转的。"对于有些人来讲，这似乎已经成为他们习以为常的一种生活方式。他们总是等待明天，因而总是碌碌无为。

有的人迟迟不采取行动的原因是他有患得患失、优柔寡断的毛病。即使他把事情想得特别全面，可一旦要行动就会出现这样或那样的担心：问题到时候解决不了怎么办？事情不能成功怎么办？犹豫到最后只能是竹篮打水——一场空。

还有的人常常对自己的决定产生怀疑，害怕因为自己的决定而承担责任，更不敢相信自己的决定能起很大的作用。由于这种不自信，他们设计的美好人生常常成为泡影。

从现在开始，你要强迫自己培养遇事决断的能力。从出现问题开始，果敢决策。在处理一些重大事情的时候，从各方面加以考虑，用理智去化解疑问，从而做出最后的决定。

总有很多事情需要完成，如果你正受到怠惰的钳制，那么不妨就从当下的一件事着手。这是件什么事并不重要，重要的是，你突破了无所事事的恶习。从另一个角度来说，如果你想规避某项杂务，那么你就应该从这项杂务着手，立即进行。否则，事情还是会不断地困扰你，使你觉得烦琐无趣而不愿动手。

你遇见过那种喜欢说“假若……我已经……”的人吗？这些人总是喋喋不休地大谈特谈他以前错过了什么样的成功机会，或者正在“打算”将来干什么样的事业。总是谈论自己“可能已经办成什么事情”的人，只是空谈家。实干家往往是这样说的：“假如说我的成功是在一夜之间得来的，那么，这一夜乃是无比漫长的历程。”

不知会有多少人每天把自己辛苦得来的新构想取消，因为他们不敢执行。过了一段时间以后，这些构想又会回来折磨他们。立即执行你的创意，以便发挥它的价值。不管创意有多好，除非真正身体力行，否则，永远没有收获。

如果能做，就立刻行动。这是所有成功人士的共识。将想法化为行动，才有不一样的人生。有想法后的行动，考验的是一个人的执行力。

成功人士的最大特点是敢想敢做，敢想可以使一个人的能力发挥到极致，也可逼得一个人拿出一切勇气，排除所有障碍。敢想使人全速前进而无后顾之忧。敢想更敢干的人，常常会屡建奇功或有意想不到的收获。行动就是力量，唯有行动才可以改变你的命运。10个不切实际的幻想不如一个实际的行动。总是在憧憬，有计划而不去执行，其结果只能是一无所有。

才能和本领只会属于那些辛勤工作的人，权力和荣耀也只会属于那些埋头苦干的人；那些无所事事的人总是无能之辈。正是那些十分勤劳和努力的年轻人，在十年以后开创出了自己的一片天地。

◎破茧成蝶的金玉良言

无论你有多么伟大的理想，多么美好的愿望，除非你去付诸行动，否则一切都只能是空想。

勇敢地进行尝试

炎炎烈日下，一群饥渴的鳄鱼栖身于一片池塘之中。已经一个多月没有下雨了，曾经的池塘已经快要干涸，鳄鱼们为了残存的水源互相残杀。然而几天又过去了，依然没有雨水注入，池塘干枯得只剩些许污泥。

面对这种情形，一只小鳄鱼勇敢地起身离开了池塘，它尝试着去寻找新的绿洲。其他鳄鱼呆呆地看着它，似乎它将要走向一个万劫不复的地狱。然而，当池塘完全干涸了，唯一的大鳄鱼也因饥渴而死去的时候，那只勇敢的小鳄鱼却经过多天的跋涉，幸运地在半途中找到了新的栖身之所，在这片干旱的大地上，等到了雨季的再次来临。

尝试需要无畏的勇气，大胆的尝试才能取得更好的结果。小鳄鱼勇敢地尝试，换回了自己一条鲜活的生命，如若不然，想必它也难逃丧生池塘的厄运。可见，勇于尝试的精神很重要。

当然，勇于尝试并不仅仅是精神上的，还需要身体力行，切实地实施到每一个行动上。只有不断地坚持尝试，跌倒了再爬起来，不气馁、不抱怨，才能真正地迈向成功的彼岸。

冯坚从学校毕业后，一直干劲十足，总想做出一番让人刮目相看的事业来，成为让人羡慕的人。然而，接触到实际工作之后，冯坚总觉得自己有所欠缺，做任何事都没有十足的把握。因此，很多任务他都不敢主动接手，也不敢承担一些棘手的工作。

久而久之，上司也认为他不适合做大事，所以只交给他一些简单的工作。于是，冯坚成了公司里打杂的人。就在他为自己的工作苦恼不已时，公司派来一位新上司接任原来上司的工作。

新上司对冯坚说："不要给自己找任何理由和借口，没有任何事情是要等到十拿九稳才能去做的，如果永远不开始，你只会一事无成。行动吧，大胆地尝试，失败也是一种收获呀！"听了这番话，冯坚开始认真反思并努力工作，不久便成为这家公司最优秀的职员。

年轻人做工作，像冯坚这样畏首畏尾、对自己没有信心的人很多，他们不是没有能力，而是不敢跨出迈向成功的第一步。"没有尝试，就不知道问题在哪里"，"不经历失败，就不能进步"，任何一种不成熟的尝试，都要强于胎死腹中的策略，不做就永远没有成功的机会。

年轻人经验少，就更需要不断去尝试，在尝试新的未曾做过的事时，才能有新的突破和发现。很多人，不敢学游泳，不敢走夜路，更不敢上台演讲，这种种的不敢，都是给自己设下的无形障碍。也正是这些障碍，使我们裹足不前，错过了许多好机会。要记住，在尝试新事物的过程中肯定有输有赢，但你如果什么都不敢去做，主动投降，只会一输到底。

很多初入社会的年轻人，没有做事业的资本，没有广泛的人脉，想要闯出一片自己的天地是很艰难。在社会的压力下，在成功人士耀眼的光环下，很多年轻人丧失了信心，即便有完美的点子和策略也不敢对人讲，更不敢付诸实施，怕失败，怕被人嘲笑，怕遭受打击。

每个人都曾有过无数个第一次，每个成功者的背后都可能有无数次失败的尝试。尝试了至少还有成功的机会，而不尝试，你永远也不可能看到成功的大门向哪边开着。

有句名言这样说："一个生平不干傻事的人，并不像他自信的那么聪明。"不愿意冒任何风险，不愿意尝试任何新事物的人，他们的生活很难有新的突破和发现，甚至很难遇见新的机遇。只有在不断的尝试中，我们的智慧才能得到增长，我们的能力才能得到提升，我们的思想才能得到升华；只有不断地进行尝试，我们才能攀上一个又一个人生的高峰。

尝试是破土而出的幼苗，看似力量微弱却可以突破头顶的土层，赢来阳光和雨露。尝试的力量不可估量，它是走向成功的第一步，是精彩大戏上演前必须拉开的帷幕。前方是未知的，只有不断地摸索尝试才有成功的机会。只有勇于尝试、坚持不懈，才会有十年以后的成功。

◎破茧成蝶的金玉良言

勇于尝试并不仅仅是精神上的，还需要身体力行，切实地实施到每一个行动上。只有不断地坚持尝试，跌倒了再爬起来，不气馁、不抱怨，才能真正地迈向成功的彼岸。

行动才会有结果

有一个小伙子，初中毕业生后没有考上高中，就放弃了学业。他根本没有什么人生目标，十几岁便游手好闲，整天吃喝玩乐。在他 18 岁那年，父亲因病去世，他不得不承担起生活的重担，因为母亲没有什么收入，而弟弟还在上学。

他想去城里当一名厨师，可他因为没有手艺只好先去一家餐厅当了一名服务生。在城里，他意识到知识的重要性，于是下班后就找来几本书读。他和餐厅的厨师住在一起，一次，他无意中听到两个厨师说最近鸡蛋很紧缺，其他餐厅也一样。于是他想，自己的母亲在家也养了几只鸡，不如多养一些，把鸡蛋卖到城里，可以赚点生活费。

他把这一想法告诉了母亲，母亲同意了。三个月以后，为了推销鸡蛋，他跑了几家餐厅和市场，虽然他听了不少冷言冷语，但还是把鸡蛋全部卖掉了。

在这一过程中，他又认识了几个鸡蛋商。那些鸡蛋商表示，如果他有更多的鸡蛋，他们都愿意买下来。这么好的一个机会，他怎么能轻易放掉呢？于是他辞了工作，回家办了一家养殖厂。就这样，几年以后，他成了一个很有钱的人。

这位初中生的目标是做一名厨师，而且他为这个目标去行动了，并在这一过程中发现了新机会，他抓住了这个机会，并适时地采取了行动，也就为成功创造了条件。

如果你瞻前顾后，习惯于犹豫不决，而不知道自己真正需要什么，那么你将永远不可能成功。一个成功者不会是一个完人，会有各种各样的缺点，但是他知道自己需要什么，并且努力追求。他会犯错误，会遇到挫折，但他总是迅速地站起来，继续前行。

在现实生活中，只有行动起来的人，才能在行动的过程中获得生活的回馈。即使行动的方向有误，你也能从中汲取到教训，使自己在今后的人生道路上有更多的经验来应付类似的困难。

没有行动，是不可能取得成果的。思想虽然必不可少，但最重要的是必须付诸实践——多思，更要多行。

成功总是青睐意志坚定、精力充沛、行动迅速的人。这种人不但善于做出决定，而且善于执行决定。当面对问题的时候，他会全面考虑自己所面对的情况，果断地做出选择，然后坚定执行。这样的人有超常的管理能力，他不仅制订计划，还能够执行计划。他不但做出决定，而且还能够将决定贯彻到底。

踏实肯干的人总是早早行动。如果你想成就一番伟业，你在确立远大的目标之后，就要静下心来，认认真真、脚踏实地做你该做的事情。在通往成功的路上，你不要梦想一步登天，如果基础不扎实，那么，你的奋斗目标则无异于空中楼阁。所以，真正聪明的人，就是一步一个脚印地走，用自己的行动构筑成功的基石。

一些正值青春年华的人混吃混喝，好吃懒做。他们不懂得“有付出才有回报”的道理，总是有说不完的借口来为自己的懒惰开脱。

特别是在刚刚着手做的时候，总是做些基础工作，似乎和事业、人生的实质联系不大，可能又感到了无聊。即使明白“这种基础”是必不可少的，但不知道为什么就是干劲不足，并且引起了别人的反感，于是就越发感到无聊，更没有干劲了。

很多年轻人是在电视里看到了专业选手，看到了喜欢的音乐家之后开始幻想：“自己也能那样该多好哇！”憧憬就从这里开始萌发，然后开始反复练习。在掌握基础知识的阶段，当然是扎扎实实地从头做起。等到你到了十年以后再回想起来，就会体会颇深：“十年的光阴在基础上下功夫，我才达到了现有的水平。”

一旦有了什么想法，就要立即行动。然而有的人总是优柔寡断、犹豫不决，等他们决定了该怎样去做时往往已经错过了时机，最后，他们只能说："如果当时我那样做肯定就不会像现在这样了，可是我现在这样做又会出现什么样的问题呢?"这种瞻前顾后的思维使他们停滞不前，即使上帝再给一次机会，他们也抓不住。

这种思维方式使人们采取行动时出现了障碍，总让那些飘忽不定的想法左右着自己的计划，却自认为方方面面都考虑得十分周全。其实，这种自认为聪明的想法是一种极端保守的思维方式。而杰出的人却正好与之相反，他们对自己认准的事，会立即采取行动，而且不干则已，一旦行动就一定要有个结果。

◎破茧成蝶的金玉良言

一个成功者不会是一个完人，会有各种各样的缺点，但是他知道自己需要什么，并且努力追求。他会犯错误，会遇到挫折，但他总是迅速地站起来，继续前行。

用行动代替抱怨

世界上的确有很多不公平的事，有很多埋怨的理由。但是，世上是根本不可能会有什么十全十美的人或事的。如果我们一定要等到世上所有条件都完美后才开始行动，那么只好永远等下去了。有的人为什么一辈子都干不了一件事情，原因正在于他一味追求完美，抱怨社会，抱怨他人。相反，有的人也对自己的现状不满，但他却起来行动，力求改变现状，而不是埋怨，结果行动者成功了，而埋怨者依旧一事无成。

一般人在年轻的时候最容易浮躁不安，做事的时候缺少务实的态度。现在的年轻人对于投机津津乐道，却忽略了成功最大的秘诀就是务实。

务实的人不空谈，不幻想，也不怨天尤人。缺少条件，就自己创造，总之，他们要干事业，就是面对现实，干实实在在的事情。多一点儿务实，少一点浮躁，对年轻人来说极为重要。

1996年的时候，二十几岁的宋文博到深圳市沙头汽车站做了一名清洁工，月薪600元。这相当于他家一年到头养的两头大肥猪卖的钱。因此，他十分知足，便把全部心思都用在了扫地上。那个时候，其他同事每天一下班就走了，可他没什么地方可去，就主动留下来，帮那些回来晚的司机洗车和清理车里的垃圾。

后来，车站经理私人承包了汽车站。为了提高效益，把更多的时间用在业务上面，车站经理就想把车站的清洁工作承包出去。当时，车站经理就毫不犹豫地将每年25万元的清洁服务合同交给了宋文博。就这样，凭着勤奋和可贵的敬业精神，宋文博成了一位有十多名工人的主管。

一年合同期满后，车站方面不但又同宋文博签订了5年的清洁服务合同，而且还发给了他5000元奖金。这一年，宋文博赚了3万多元。

2000年的一天晚上，宋文博在打扫一辆大巴士时，发现了一个黑色塑料袋。他捡起来打开一看，里面有20万元的现金，还有一份合同书。

宋文博想到失主一定很着急，马上就拨打了合同书上留下的电话号码，原来失主是一家大型工厂的李经理。巨款失而复得，李经理感激不已，当场就拿出2000元酬金，并要告诉车站的领导，但被宋文博坚决拒绝了。李经理便向他要了一个电话号码，然后千恩万谢地走了。

半个月后，李经理找到宋文博，原来李经理的工厂有3000多名员工，占地4万多平方米。他们也想把工厂的清洁卫生工作承包给宋文博，也好让厂里省点事。于是，宋文博凭借其拾金不昧的善良品质拿到了每年百万元的清洁服务合同。

后来，宋文博又承包了几个地段的清洁工作，钱越赚越多。2001年9月，宋文博成立了“深圳市绿云清洁服务公司”，同时，宋文博聘请了园艺专家、专业管理人员，自己也抽空努力学习相关知识，实现了从一个清洁工向老板的转变。

2002年5月，深圳市龙岗布兴工业城的清洁卫生服务对外公开招标，宋文博骑了一辆旧自行车赶去竞标。

当天，来参与竞标的好多老板都是开着小车来的。开始，他们还以为坐在竞标现场的宋文博只是该工业城的一名杂工。

令人意想不到的是，工业城的领导竟然真的把每年200万元的清洁合同交给了宋文博的绿云清洁服务公司。

主持招标的领导解释选择宋文博的理由时说：“宋文博先生已从事清洁服务工作三年多了，可至今仍穿着工作服，骑着自行车，这令我们非常敬佩。第一，说明他还保持着清洁工人的本色，没有高高在上与基层清洁工作脱节；第二，按理说，他也有条件开小车来竞标，但他没有，这说明他没有在工作中偷工减料、以次充好和牟取暴利。所以。我们今天选中了宋文博先生的绿云清洁服务公司。”

就这样，宋文博又拿到了一个年服务费 200 万元的清洁服务合同，而他仅在这个工业区管辖的清洁工人就达到了 150 多人。

后来，宋文博承包了包括医院、工业区、车站、政府办公楼和学校在内的 10 多家单位的清洁服务工作，年总营业额已达到了 1400 多万元，属下的清洁工人队伍达到了 600 多人。

在深圳这个卧虎藏龙之地，一个小伙子只是靠扫地就扫出了上千万的财富。而他最大优势仅仅是一双勤劳的手和一颗踏实做人的心。

一步一个脚印，干一行，精一行，不图虚名，不搞花架子，多做少说；面对指责，不争论，不辩解；面对成绩，不自大，不张扬；清清白白做人，扎扎实实做事，这才是年轻人应该具备的做事风格。

无所事事的人，现在的抱怨，注定了十年以后的平庸；有志青年应当通过努力行动，改变处境。

◎破茧成蝶的金玉良言

有的人为什么一辈子都干不了一件事情，原因正在于一味追求完美，抱怨社会，抱怨他人。相反，有的人也对自己的现状不满，但他却起来行动，力求改变现状，而不是埋怨，结果行动者成功了，而埋怨者依旧一事无成。

在困难面前不退却

美国“联合保险公司”的董事长克里蒙·史东是美国最大的商业巨子之一，被称为“保险业怪才”。

史东幼年丧父，靠母亲替人缝衣服维持生活。为补贴家用，史东很小就出去卖报纸了。

有一次，史东走进一家餐馆叫卖报纸，被赶了出来。后来，史东趁餐馆老板不备，又溜了进去卖报。气恼的餐馆老板一脚把他踢了出去，可是史东只是揉了揉屁股，一声不吭地离开了。然后，史东手里拿着更多的报纸，再一次溜进餐馆。那些客人见到他这种勇气，纷纷劝店主不要再撵他，并掏钱买他的报纸看。史东的屁股被踢痛了，但他的口袋里却装满了钱。

还在上中学的时候，史东就开始试着去推销保险了。他来到一栋大楼前，当年卖报纸时的情景又出现在他眼前，他一边发抖，一边安慰自己“如果你做了，没有损失，还可能有大的收获，那就下手去做”。

史东走进大楼，做好了被踢出去的准备。如果他被踢出来，他准备像当年卖报纸被踢出餐馆一样，再试着进去。

幸运的是，他没有被踢出来。每一间办公室，他都去了。他的脑海里一直想着：“马上就做！”每走出一间办公室而没有收获的话，他就担心到下一个办公室会碰到钉子。不过，他毫不迟疑地强迫自己走进下一个办公室。他找到一项秘诀，当你立刻走进下一个办公室，就没有时间因为感到害怕而放弃。

那天，有两个人从他那儿买了保险。就推销数量来说，他是失败的，但在锻炼自己和培养推销术方面，他有了极大的收获。第二天，他卖出了4份保险，第三天他卖出了6份保险。他的事业开始了。

20岁的时候，史东成立了只有他一个人的保险经纪社。开业的第一天，史东就在繁华的大街上销出了54份保险。他曾创下一个令人几乎不敢相信的纪录，一天售出122份保险。以一天工作8小时计算，每4分钟就成交一份。

后来，史东成了一名拥资过百万的富翁。

史东在总结自己的经验时说："如果你以坚定的、乐观的态度面对艰苦，你反而能从其中找到好处。成功的过程，实质就是不断战胜失败的过程。"

勇敢地面对挫折，不达目的绝不罢休——史东就是这样的年轻人，他的人生轨迹也是如此。

逆境客观上是一种不幸，实质上是弥足珍贵的财富。许多奇迹都是在逆境中出现的。顺境使人们舒服，却也容易使年轻人不再有所追求，因为顺境容易消磨斗志，从而使年轻人变得平庸起来；而逆境能磨炼坚强的意志，奋力拼搏，顽强奋进，也许能够使自己的能力得到超常发挥，获得出人意料的成就。

对于年轻人来说，摆脱痛苦的欲望比获得幸福的欲望会更强烈：幸福对于处于痛苦之中的人来说，常常是一种奢望，人们往往是以摆脱痛苦为第一步。

现实生活中，许多生活在边远山区、经济落后的农村的年轻人，其刻苦学习的精神远比一些生活在大城市富裕家庭的孩子要强得多。究其原因，是因为他们看到农村的环境、生活条件，比起大城市来要艰苦得多。他们强烈地要求变换自己的生活条件与生存环境。而在目前来说，实现这一目的最可靠、最直接的办法，就是好好学习，争取考上大学。大城市的年轻人，在其学习的动力中，没有变换生存环境这个动力，如果他再没有更加崇高的理想，那么其学习的劲头，当然就无法跟那些农村的、穷困山区的学生相比了。

从这种现象可以看出，困难是促使人们奋发努力的一种力量来源。“生于忧患”，就是困苦磨炼了人的意志，催人奋发向上，使人生命力顽强，朝气蓬勃。“死于安乐”，就是说安逸舒适的生活，会消磨人的志向，使人贪图享乐，惧怕艰苦，不思进取，从而使人失去了生存能力与旺盛的生命活力。

从古至今，有多少花花公子就是由于贪图安逸，坐吃山空，最后贫困潦倒，以致死无葬身之地。而那些穷苦人家的孩子，自小就在艰难困苦的斗争中生活，患难给了他们坚强的意志，困苦使他们变得勤劳聪明，他们的物质生活是贫乏的，然而其内心是充实的。他们也许成就不了什么大事业，但他们是堂堂正正的人，至少他们不会祸害百姓。

人生之路并不是坦途一条，获得幸福之路也不是通畅无阻的。人生有顺逆境之分，幸福的取得也有难易之分。但不管在怎样的条件下，人们都不应放弃对幸福的追求。

在顺境中，我们以舒畅的心情谋求幸福；在逆境中，我们依然应当坚忍不拔、矢志不渝地追求幸福。幸福既可以在顺境中顺利地实现，也可以在逆境中艰难地获得。

一般来说，大多数人都希望一生顺利，平安地获得幸福，但现实往往并不尽如人意。人的一生中，既会有得心应手的顺境，又会有困难重重的逆境。我们争取处在顺境中，但也不应该害怕逆境带来的磨难，而应该公正地看待顺逆境。顺境固然有利于事业的成功，逆境却能磨砺人的意志，激发人们克服困难，顽强进取。温室里的花朵经不起风雨的袭击；饱受风浪考验的海鸥却能够搏击海空。

年轻的你愿意在顺境中安度十年，还是在逆境拼搏十年？

◎破茧成蝶的金玉良言

困难是促使人们奋发努力的一种力量来源。困苦磨炼了人的意志，催人奋发向上，使人生命力顽强，朝气蓬勃。安逸舒适的生活，会消磨人的志向，使人贪图享乐，惧怕艰苦，不思进取，从而使人失去了生存能力与旺盛的生命活力。

在执着中前行

在巡视谷仓时，一个农场主不慎将一只名贵的金表遗失在谷仓里。他到处找都找不到，于是在农场门口贴了一张告示：如果有人能够帮忙找到金表，奖励 100 美元。

人们面对重赏诱惑，全都卖力地四处翻找，但谷仓内谷粒如山，还有成捆成捆的稻草，要想在其中找寻一块金表如同大海捞针。

人们忙到太阳下山，仍没找到金表，于是他们开始抱怨，一会儿抱怨金表太小，一会儿又抱怨谷仓太大、稻草太多，最后他们相继放弃了 100 美元的奖励。

一个穷人家的小孩在众人离开之后仍不死心，努力寻找。他已整整一天没吃饭，希望在天黑之前找到金表，解决一家人的吃饭难题。

天越来越黑，小孩在谷仓内坚持寻找。突然，他发现，当一切安静下来后，有一个奇特的声音，那声音嘀嗒、嘀嗒不停地响着。小孩顿时停止寻找，谷仓内的嘀嗒声更加清晰。小孩循声找到了金表，最终得到了 100 美元。

成功好像谷仓内的金表一样，早已存在于我们周围，散布于人生的每个角落，只要执着地去寻找，专注而冷静地思考，我们就会听到那清晰的嘀嗒声。成功的法则其实很简单，那就是执着，然而大多数人却没有坚持，甚至不屑于去做，于是成了成功门前的过客。

很多年轻人都好面子，喜欢谈成功的经验，而不喜欢讲失败的教训。因为谈起经验面上有光，而说到教训总感到心中有愧。其实，教训大可不必讳言，它与经验同等重要，应该引起年轻人的重视。

如果你能够做到在最艰难的时候，不放弃，即使没有人看好你，也要给自己加倍的信心，相信十年以后，成功会在终点迎接你。

一项心理学统计结果表明，一个普通人可以忍受被拒绝和失败的次数通常以三次为限，但是一个成功者可以忍受失败的次数却是无数次！

美国总统林肯坚信："上帝的延迟，并不是上帝的拒绝。"成功就是屡败屡战，然后从每一个失败中寻找不足，把每一次失败的经验当成自己下一次成功的资本。

对于年轻人的我们来说，失败并不可怕。我们应把它当作一种宝贵的人生经验，以乐观的心态、思考的眼光看待失败。反而是那些一向顺风顺水的人，一点吃苦的滋味也没尝到，一遇到挫折和困难，便容易一蹶不振。

年轻人的我们正处于人生的起步阶段，所以失败在所难免。我们需要记住先哲的一句话："生命中的每个失败，每个伤痛，每个打击，都有其意义。当你正视失败，并把失败看作成功的基石时，成功就会降临到你头上。"

年轻人要对自己的生活负责，并抱着"我能做到"的态度。如果你满怀自信，就会充满热忱、坚持到底，就会缔造惊人的成就。

成功需要坚持到最后一分钟。一个人的成败固然与天生的禀赋有关，但自己后天的努力和执着更重要。

在朝着目标奋斗的过程中，一定要掌握主控权。如果你对自己的感情生活不满意，就想办法改变现状。多认识一些人，和善地待人，脸上常挂微笑，邀请别人一起出游。如果你想有一份更好的工作，不要等工作来找你，要主动出击。"我能做到"并不是挑衅，也不是鲁莽，它象征热情、进取和睿智。

年轻的你不必要求事事成功，才觉得快乐，但你一定要确信，你的生活掌握在自己手中。研究显示，对自己的决定负责的年轻人，和觉得自己受人牵制的年轻人相比，对生活感到更加满意。当人们能自在地展现自己的个性时，就会非常快乐；当你必须遵照别人的想法做事时，自然不会开心。我们都有归属的需求，这并没有错，但要保持独立的思考能力和独特的人格特质。

◎破茧成蝶的金玉良言

成功需要坚持到最后一分钟。一个人的成败固然与天生的禀赋有关，但自己后天的努力和执着更重要。

挑战你的人生

本田公司的创始人本田宗一郎在开始创业的时候身无分文。当时他梦想设计一个活塞环，然后卖给一家公司，为此他甚至变卖了妻子的陪嫁首饰。经过数年努力，他终于设计出了活塞环，并很有信心地认为一定有公司会重视，却遭到了拒绝。他还因此而遭到了很多人的嘲笑。

这是本田宗一郎第一次遭遇的人生失败，有些人或许就因为这一次打击而失去人生信念。但本田宗一郎并没有被失败吓倒，相反，他认为这家公司不买他的活塞环，是他的设计还不完美。于是，他又花费了两年的时间对自己设计的活塞环进行了改造。最后，他的设计终于被这家公司买了下来。

但是很不幸的是，当时正赶上第二次世界大战，本田宗一郎需要大量的水泥来建立活塞环工厂，可购买计划被日本政府否决了。这一次似乎没有人能帮助他走出这个困境，他的梦想可能会就此中途夭折。然而，本田并不气馁，他要把工厂建立起来，政府不让自己买水泥，那么就自己制造水泥。他召集了各方面的朋友一同研究，试图找出制造水泥的新方法。在夜以继日的努力工作下，他终于取得了成功，建立了自己的工厂。

后来，本田宗一郎发现摩托车生产前景广阔，就希望通过银行贷款来建立自己的摩托车企业，但所有银行都拒绝向他贷款。这次似乎也是没有人能帮他，但他就是不服输，银行不贷款那就自己想办法融资。他发了一万八千封书信给全日本自行车店的店主们，动员他们投资，其中一万五千多人拒绝了他，愿意投资的有三千多人。靠着这些钱，本田办起了新的工厂。

成功就在于每次遭遇他人拒绝之时，并不以为这是一种失败，并不因此而陷入困境，也不心灰意冷，放弃自己的计划。相反，在他人的拒绝之中品出滋味，从自己身上查找失败的原因。也就是说，把别人的拒绝和自己暂时的失败作为励志之石，不断地磨炼自己，不断地完善自己，以自我的不断完善促使别人接受自己，从而使自己走出困境取得人生的成功。

人的一生中有无数的困难和障碍，是必然存在、不容忽视的阻力，但只要一个人拥有真正的自信，就能够勇敢地、愉快地面对困局。与无限的潜能建立密切的关系，便能使人拥有更深刻的、不动摇的、永恒的自信，而得以突破人生的转折点。

人的一生不可能一帆风顺，失败是人生之旅的重要关卡。一个人能否事业辉煌，完全取决于他能越过多少关卡，战胜多少困难。成功者就是那些能像剔除荆棘一样，把失败一个个剔除的人。再怯懦的人在知道自己完全无路可退的时候，都能够立刻成为最英勇的战士。那么，一个胸怀大志的年轻人，就不能再犹豫，应该立即断绝所有的后路，创造十年以后的坦途。

世上并没有常胜将军，遭遇拒绝、遭遇失败是人之常情。遭遇拒绝、遭遇失败的原因无非是自己还有缺陷，谁不希望得到完美的东西？世上也不可能有毫无缺陷的东西，但是每个人应该尽量地完善自己，把自己完善到足以让人接受，使社会认同的程度。这样即使遇到困难也能克服，遇到关卡也能越过，也就不致在遇到挫折时使自己陷入困境不能自拔了。

很遗憾的是，并非所有的年轻人都懂得这些道理，因此，他们在遇到困难挫折时就会采取完全不同的态度。成功者之所以被称为成功者，就在于他们不轻易给自己留退路，即使迫不得已退一步，那也只是暂时的，因为他们总希望把最后的成功当作自己最得意的东西。做事总有成功和失败，做人总有进和退。成功者不是没有失败，而是善于从退路中寻找进路，善于把失败变成成功；而且有成绩却不得意扬扬。

当一个年轻人专心致志于事业的奋斗时，随着自信心渐渐占据他的心灵，他就能拥有自信而生活下去。为了获得真正的自信，每个年轻人都必须先信赖生命潜能的力量。此外，还应当通过努力和应用来强化自己的潜意识，使潜意识反映你的习惯性思考。

一个人如想脱离困境，或期望从不如意的情况中改善过来，那就不要忘记“不得意才是大得意的转机”，将纷乱的思绪暂时放下，静心省思，有哪些事物阻碍在通往成功的路上？当看清所有阻碍成功的事物，诸如拖延、怠惰、消极意识等，就必须有坚定的决心，先除去所有的障碍物，然后再断绝所有可退之路。只有如此，才能够保证渴望追求成功的愿望。

在别人感到无能为力甚至绝望的时候，你是否仍然能够不让自己放弃，有勇气让自己冒险试一试呢？我们每个人都遇到过不能解决的困难，这时候就要求我们拿出勇气来尝试一下。其实，只要你有决心、有勇气，那么，所有的问题便都有解决的可能性。

无论是在生活中，还是在其他的方面，我们都需要有一定的冒险精神。冒险，是一种勇气，可以带领我们走出困境。特别是当我们处于一个不确定的环境中的时候，人的冒险精神就更加成为一种稀缺的资源。因为此时，我们的信息还不完善，周围的情况还不确定，而我们也无法做出百分之百的判断。但是，此时如果你要摆脱困境，就必须有一点冒险精神。

冒险不是蛮干，它是我们根据现有的情况所做出的一种超前的判断，有一定的科学根据。如果你不顾实际，异想天开，那么无论你多有勇气，到头来也只能是失败。

◎破茧成蝶的金玉良言

把别人的拒绝和自己暂时的失败作为励志之石，不断地磨炼自己，不断地完善自己，以自我的不断完善促使别人接受自己，从而使自己走出困境去取得人生的成功。

第六章
做受人欢迎的人，和大家一起努力

现实生活中，有些人常常指摘他人的缺点，鲜于称道他人的优点，因而受到周围人的厌恶。想要十年以后有所作为的你，应该向他人的优点学习，同时避免他的缺点在自己的身上重现。

以一颗真诚之心待人

在人与人的交往过程中，真诚相待很重要。用心交朋友才会交到真正的朋友。很多人认为校园中的友谊是纯洁的，因为在单纯的校园环境中，很少会掺杂一些利害关系进去。

进入社会之后，人与人的关系就不那么简单了。人们很可能为了各自的利益，相互猜疑，尔虞我诈。有时候，你很难分清谁是真情，谁是假意。一不小心，就会有人打着“朋友”的幌子欺骗你。

在临近毕业时，室友都四处找工作，很为自己的前途着急，白羽也是一样，找了一个月，仍然没有什么好消息。

有一天，白羽突然不找工作了。她开心地对室友说：“我初中最好的朋友给我打电话了，让我毕业后不要担心，直接进他们公司，而且听说工资极高，福利待遇也很好。”白羽还说，这个同学初中毕业后就读中专，很早就进入了社会。白羽上高中的时候，与她一直都有联系。她挣了钱，还经常请白羽和其他初中同学吃饭。

室友替她高兴的同时，也提醒她，这件事来得太顺利了，别被人给骗了。可是，白羽却对这个初中时最好的朋友充满了信任，对她的工作也充满了期待。

工作后，白羽很少与室友联系。一天，室友与白羽偶遇，就谈起了当初毕业后工作的事情。

“当时，那个同学做传销，把我也拉下了水，以此好获得一些介绍费。我幼稚地以为自己真是遇到了一个好机会，交了5000元押金。等我醒悟过来，公司不仅不退钱给我，还不放我走了，把我关押了起来。我是趁看守我的那人出去买烟的空当翻窗户逃出来的，所幸在一楼，没受伤。”白羽叹了口气，继续说，“真没有想到，她会那样对我，我们曾经玩得那么好。”

白羽没有想到自己会被昔日的好友害得如此之惨。她真诚地对待别人，却换来了别人的欺骗。白羽说，那次受骗，是她进入社会后上的第一课——不轻易相信他人。而现在的她，做事谨慎，没有了初出校园时的单纯。

在社会这个大染缸里，人们之间不再真诚。有很多人为了自己的利益，能做出令人难以想象的事情。可是，哪怕社会上的确有很多假、丑、恶的事发生，我们也不能因此而彻底对真、善、美失望。

我们可能无力改变复杂的社会，但是我们能改变自己，让自己更加适应这个社会。在不盲目相信他人的同时，我们也要承认，真诚永远都存在。

在一个小区门口，一对来自农村的年轻夫妇开了一个烧饼店。他们靠自己的手艺在城市里谋生。

一天早晨，胡平上班顺道经过时，习惯性地掏出一枚 1 元的硬币递过去。

男老板接过钱的时候，动作有点迟疑，怯生生地说：“对不起，今天的面发得不好，您还要吗？”问这话的时候，女老板也很不好意思地笑着看胡平。

在得到肯定的答复后，小两口连声说：“谢谢！谢谢！”胡平觉得那天的烧饼是吃过的最好吃的烧饼。

他们的生意越做越好，做出的烧饼热卖，有时甚至还会出现排队等货的场景。

其实，能够如此真诚地对待顾客，小两口的生意越做越红火是很正常的。与之相反的是，有些人常常为了一己的私利，不惜编造一些莫须有的故事，以此博得他人的同情和怜悯，欺骗人们的善良和真诚。他们骗得了一次，骗不了一世，终有水落石出的那一天，人们也终将看清他们的实质。我们不应当与这种人交往，甚至要远离他们。

每个人都希望得到别人的真诚相待，要想别人真诚待你，你就应当首先主动真诚地去对待别人。你怎样待人，别人也会怎样待你。你与人为善、真诚待人，别人通常也会反过来如此待你。

有的人对真诚待人抱怀疑或否定态度，理由是：我真诚待人，人若不真诚待我，那我岂不是很傻、很吃亏吗？

不可否认，生活中有这样的人：虚伪、狡诈、阴险，一肚子小心眼，玩弄他人的真诚，戏弄他人的善良，算计他人的毫无防备，蹂躏他人的真情实意，以怨报德、以恶报善。但是，这种人在生活中毕竟是极少数，在他们的嘴脸充分暴露后，他们必将被众人指责和唾弃，并被所生活的群体厌恶和排斥。

当我们的善良和真诚被心怀叵测的人愚弄之后，吃亏更多、损失更大的并不是自己，而是对方。伤人的人在承受你愤恨的同时，还要承受他人的蔑视以及被群体排斥的孤独。

与人相处中，我们付出了十分真诚，得到了八九分的回馈，自然是情有所值、利大于弊。有的人怕真诚待人吃亏上当，因此想别人主动先真诚待己。

你真诚待了我，我再真诚待你，这是被动为善的人际关系态度。如果人人都这样想，人人都不肯首先付出，那这个世界上还能找到真诚吗？

很多人都觉得，积极主动地付出友善真诚仅仅是讲如何对待别人，其实准确地说，友善真诚地待人更重要的是指如何善待自己。你待人以善意，别人以善意相报，你待人以真诚，别人以真情回馈。这也就是我们经常所说的，“将心比心”“以心换心”。

人是一个高级生物群，社会是一个利益共同体，每个人都是社会这棵大树上的叶和果，谁都不可能离开社会而孤独存在。生物学反复证明过一个真理：只有互助性强的生物群才能繁衍生存。伤害别人就等于用自己的左手伤害自己的右手。

人们都非常向往陶渊明描绘的桃花源，因为那里温馨和谐。而营造出温馨和谐的人际关系氛围，需要你付出努力。在积极主动付出努力的同时，你也是这个温馨和谐氛围的受益者。友善真诚待人的结果是双赢。

◎破茧成蝶的金玉良言

每个人都希望得到别人的真诚相待，要想别人真诚待你，你就应当首先主动真诚地去对待别人。你怎样待人，别人也会怎样待你。你与人为善、真诚待人，别人通常也会反过来如此待你。

不要显得过分聪明

每个人都想表现得很聪明，总怕自己不表现，别人就会认为自己是个蠢蛋，殊不知，真正的聪明却是“该聪明时要聪明，不该聪明时要糊涂，甚至是装糊涂，尤其是不可自作聪明”。

美国前总统威尔逊小时候比较“木讷”。在小镇上，人们都说他很愚蠢。每次有人一手拿着1美元，一手拿着5美分，问他要哪一个时，小威尔逊都会回答：“我要5美分。”

很多人不信小威尔逊竟有这么傻，纷纷拿着钱来试，然而屡试不爽，每次小威尔逊都回答“我要5美分”。整个学校传遍了这个笑话，每天都有很多人用同样的方法愚弄他，嘲笑他。

终于，他的家人忍不住了，问小威尔逊：“难道你真的傻到连1美元和5美分哪个多哪个少都分不清吗？”

“我当然知道。可是，我如果要了1美元的话，就没人愿意再来试了，我以后就连5美分也赚不到了。”

郑板桥也说过：“难得糊涂。”人有时该糊涂时就得糊涂，只要把握好大是大非，不违反大原则，有些事情不必较真，某些场合还必须得放弃自己的明白，顺其自然，心平气和地装装糊涂。拥有了这样的心态，也就会活得更轻松些。在个人名利面前糊涂些好，糊涂些也就会忍让些、包涵些，矛盾也就会少些，生活自然也就会更愉快、更自如、更逍遥。

一些人总觉得自己无所不知，高人一等，喜欢行险招，结果往往是“聪明反被聪明误”。

中文系毕业的孟静，读书时就曾任校刊的副主编，同时还给不少杂志社写稿。毕业后，她信心十足地参加了一家大公司的招聘，结果却以意想不到的失败告终。

这是一家国际知名的大公司，孟静应聘的职位是内刊编辑。说实话，孟静对内刊编辑的位子多少有些不屑，她只是看中了这家公司的知名度，并考虑到自己在其他方面的发展前景才去应聘的。因此，她认为自己当个不对外发行刊物的编辑还是绰绰有余的，所以，也就没对面试进行过多准备。

面试时，孟静才发现别的面试者都是有备而来，他们手里拿着包装非常精美的个人材料。相比之下，孟静的材料就显得很黯淡。但孟静依然满不在乎："是金子就会发光，我的实力是很明显的。"

面试过程中，孟静对于"你对本公司了解多少""个人有什么爱好""将来有什么打算"之类的问题，很不屑，她认为这些问题一点也显示不出她的专业水平，所以她的回答非常迅速。在做自我介绍时，孟静的别出心裁也确实赢得了考官关注的目光。孟静暗自得意。

在回答提问中，对于公司的业务领域，特别是一些技术进步方面的问题，孟静知之甚少，处于弱势。可是对于杂志编辑的专业知识，她却知之甚详。她的滔滔不绝，又一次引来了主考官的赞誉目光。

可是，孟静最终却未被录取。她愤愤不平，认为主考官太没水准！在她情绪低落之时，班主任和她谈了一次话。原来，班主任和那家公司的主考官是大学同学。主考官告诉他：孟静未被录取的理由不是业务素质、个人能力不行，而是不合适他们招聘的职位。以孟静的个性和自我期望值，她不会踏踏实实安心于本职工作。而且，她与他人的合作精神也欠佳。

有些人对自己充满了极度的自信，认为自己完成一些小事情简直是绰绰有余，在这种情况下，自然难以有充足的准备，结果往往聪明反被聪明误。

聪明有大小之分，糊涂有真假之分。所谓小聪明大糊涂是真糊涂假智慧；而大聪明小糊涂乃假糊涂真智慧。所谓做人难得糊涂，正是大智慧隐藏于难得的糊涂之中。真正的聪明人都有自知之明，绝不会刻意地向众人表现才智、哗众取宠。

◎破茧成蝶的金玉良言

人有时该糊涂时就得糊涂，只要把握好大是大非，不违反大原则，有些事情不必较真，某些场合还必须得放弃自己的明白，顺其自然，心平气和地装装糊涂。

不必介意他人的看法

没有人是完美的，每个人都会说错话，也会做错事，但是每个人面对批评的态度则是大不一样的，有的人坦然接受，有的人表面接受、心里不服，有的人不但不接受反而找各种理由为自己辩解，有的人甚至还会反驳……

面对批评，不同的人有不同的态度，而这不同的态度则体现着不同的人生智慧，乃至影响着一个人今后的人生成就。

面对批评，首先不要去理会批评本身的对与错，而应该诚心接受，进而进行反省，找到自身的不足和需要改变的地方。因为无论批评是对是错，它对你来说都是一种财富。正确的批评会让自己认识到不足和缺憾，从而加以改进和提高；错误的批评让你从反面注意到这个问题，作为对自己的警醒，以后可以避免类似事情的发生。

面对批评，大多数人都会找理由来辩解，甚至是反驳，这是人的本能反应。但并不是说，是本能反应就是正确的。许多的本能反应其实并不是人的正常生理反应，而是长期习惯导致的结果。也就是，这种所谓的本能也是可以改变的。

在面对批评时，聪明的人绝不会先为自己辩护，他们会耐心地听对方说，反省自己的过失或者不足。所谓反省，就是反过来省察自己，检讨自己的言行，看一看有没有要改进的地方。反省是自我认识水平进步的动力；反省是对自我的言行进行客观的评价，认识自我存在的问题，修正偏离的行进航线。

我们也应该每天反省自己，总结自己每天的收获和失误，为明天的开始做好更加充足的准备，不要等到批评上门了才开始行动。

每个人都会有这样那样的不足，而年轻人更缺乏社会历练，常常会说错话、做错事、得罪人。反省的目的在于建立一种内在的监督反馈机制，来及时知晓自己的不足，及时匡正不当的人生态度。

美国哲学家爱默生曾经提出这样的疑问：为什么我们的幸福要取决于别人脑袋的想法？因为你一直在为别人而活着，你从来就没有真正为自己而活，你的价值观是建立在别人的看法之上，当别人对你有积极评价时，你会觉得高兴、快乐和满足；出现消极的评价时，你会觉得不开心、委屈和痛苦。

生活中，很多人总是太在乎别人的评价。别人的每一句话，他都会放在心上，希望自己在他人心中做到最好。

丁桦从小就在父母亲的关爱中长大，她一直以高标准要求自己，希望父母能以她为傲，她更喜欢听到别人对她由衷的称赞。

如今成年的她，在工作中也还是如此，在办公室从来不与人争执，有什么委屈、难过也从不表现在脸上。如果上级对她有什么意见，她会非常难过，甚至同事只是给她一点建议，她也会紧张，立马改正。

她以为自己做得很好、很完美了，谁知道有一天，一个同事告诉她，另一个同事觉得她很自私，和她交往太累了。听到这个评价后，她失眠了。她一直在同事面前都是大公无私，有什么事都是尽力满足同事的要求，没想到自己会得到这样一个评价。她真想当面去问那个同事，为什么这么说自己。

在意别人的看法是人的正常反应，一定程度上，按照大家的要求行事会令人有一种安全感。同时，通过别人对自己的评价，来完善自己、修正自己，不仅可以使自己得到大家的接纳，还可以使自己不断进步，逐渐变得完美。

凡事都要有个度，特别在意别人的看法，就有些不正常了。很多人缺乏自信，别人有意无意的一句话，都让他们好长时间感到心神不宁。他们往往比较敏感，对自己要求比较严格，性格比较内向。

他们就像丁桦一样，期盼被人认可、表扬，害怕别人看出自己的弱点。他们没有正确的自我评价，完全生活在别人的评价当中。

如果一个人让他人的评价占主导地位，并且将其看得比自己的主张更重要，就很容易被他人所左右。如果自己的行为取决于他人的评价，那么一旦听不到他人的赞许，必会失去动力，最终一事无成。

更糟糕的是，他人的评价往往又不尽一致，你不得不为之疲于奔命，甚至无所适从，一天到晚总是在“不知究竟怎样才好”的为难紧张之中团团转，总也走不出自己的路来。

一个人只有健全自己的认知系统，调整自己的情绪，才能不被别人所左右。在匆匆走过的人生路上，我们只是别人眼中的一道风景，对于一次失误、一次失败，完全可以一笑了之，不要过多地纠缠于失落的情绪中，你的哭泣只能提醒人们重新注意到你曾经的无能。你笑了，别人也就忘记了。

◎破茧成蝶的金玉良言

如果一个人让他人的评价占主导地位，并且将其看得比自己的主张更重要，就很容易被他人所左右。如果自己的行为取决于他人的评价，那么一旦听不到他人的赞许，必会失去动力，最终一事无成。

避免得罪小人

“小人谋人不谋事，君子谋事不谋人”，这就是小人与君子最大的差别。君子的志向是依靠自己的真才实学成就一番事业，谋利益，他们把所有的时间、精力和心血都投入到事业上，很少深入地想一下怎样去对付小人，而小人考虑的是如何算计人，如何打倒异己，以此使自己的名利、地位不受到损害。

小人之所以不可得罪，其原因就在于小人的报复欲望特别强。在他坑害别人的时候，又小心地提防着别人对他进行报复。小人注定要连续不断地伤害别人。俗语说“明枪易躲，暗箭难防”，小人对别人的报复打击通常都是用“暗箭”。一般人在明处，小人在暗处，通常都是防不胜防。而小人报复的程度远远大于别人损害他的程度。

许多被小人攻击、伤害过的人在蒙受损失后竟然搞不清自己究竟在哪个地方得罪了小人，他们根本不敢相信一些匪夷所思的缘由竟然可以成为小人报复他们的原因。

小人一手拍上，一手压下。他们总有一箩筐的手段等着你，只要你稍有不敬，他就立刻对你开刀。所以，宁得罪君子，不得罪小人。

小人的功力可非一般。你发芽，他要掐掉你；你再冒，他踩死你；你挺起来，他就拔掉你。实在不能斩草除根，便借助于领导在群众中假传领导“圣旨”，欺上瞒下，胡作非为，把你说得浑身是粪。在领导面前颠倒黑白，挑拨离间，使你成为孤家寡人。

不管你要做一个什么样的人，难免会遭遇到小人。小人的卑下，手段的无耻，为公理所不容，为千夫所怒指，凡是正常人都看不起小人，但几乎所有的人又都畏小人如洪水，如瘟疫，又是宁愿讨个胆小怕事的骂名，也必定要绕路而行，生怕招惹了横行无忌的小人。

由于小人的心思全都在报复与提防反报复上，一般人确实是没有这般时间、这般口舌、这般心理去和小人死缠烂打。正如同偶尔看看摔跤比赛的观众最好别去跟专业摔跤师叫板一样，在想不出更好办法的情况下，还是尽量地躲避着、容忍着小人吧，尽量地不得罪小人吧。这实际上就是一般人对于小人的心照不宣的想法。

对于小人，只要认清了他的面目，就远远地躲着他，在不得已与之交往时，能忍则忍，切不可得罪他。

刘志浩是一家公司的策划总监。有一次，他在上司那里受了莫名其妙的批评，心里觉得冤屈，就跟自己的同事黄春明倒起了苦水。黄春明善解人意，一边对他表示理解，一边痛陈这位上司的斑斑劣迹，说得刘志浩心里暖洋洋的，于是两人热乎得就像一对亲兄弟。

几天后，刘志浩刚进公司就被上司叫去，宣布免去他策划总监的职务，改由黄春明担任。刘志浩实在接受不了这样的决定，就懊恼地离职了！后来才知道，原来黄春明在背后偷偷告了他一状，把他们那天的谈话添油加醋地告诉了上司。这位上司又恰巧喜欢偏听偏信，于是就决定让黄春明取代他在公司的位置，这个位置黄春明眼红很久了！在名利与心机面前，友情竟是如此不堪一击！

黄春明是一个标准的伪君子，表面上跟人打得火热，好像可以“抛头颅洒热血”，但突然就会背后一刀，让你死得非常难看。这说明伪君子比真小人更可怕。真小人容易分辨，他们或不讲道理，或刁钻泼辣、蛮横粗暴，赤裸裸的卑鄙无耻，让我们未见其人，先闻其味，有足够的时间事先提防。伪君子就不同了，挂着正派的面具，说话做事挺有“道理”，让你难辨真假，极容易上当受骗。

与君子相遇，足够幸运。君子的谦恭、忍让，使得罪君子变得很困难，因为他通常对你的所作所为一笑置之，甚至，给你真诚的意见和建议。如果与小人相撞，就非常不幸了。他们造谣生事，挑拨离间，有仇必报，拍马奉承，落井下石，往往带着伪善的面具。他们是善于制造陷阱的工厂，在一举手一投足之间，就能让你寝食难安。

然而我们最须警惕的，倒还不是小人，而是伪君子。为什么这么说呢？这是因为伪君子往往隐藏最深，他们要么沉默寡言，以胸有城府的形象出现，要么就是假装热情真诚，好像跟你是世界上最好的朋友，为了你可以两肋插刀、万死不辞。殊不知，这正是最欺骗你的地方。我们一定要保持警惕，千万别被人卖了还帮着数钱！

◎破茧成蝶的金玉良言

对于小人，只要认清了他的面目，就远远地躲着他，在不得已与之交往时，能忍则忍，切不可得罪他。

坦然面对流言

一天，小李、小张、小周、小孙一起吃午饭，闲聊的话题由足球赛转到他们听到的公司传闻。

“你有没有听说我们公司要买下某某公司？”小李问。

“没有啊，我倒是听说我们公司的头儿正在商计着把公司卖掉。”小张说。

“这就有趣了，我听说我们公司要把办公地点移到成都去！”小周笑着说。

小李听了就问：“这些谣言到底从哪里来的？谁编的？那些人怎么知道这些消息的？”

小孙笑了起来：“这些谣言两年前我就听说过了，事实证明没有一个是靠谱的！”

“是啊，我不知道为什么会有那些谣言，它们没有一次是对的！”小李很生气地说。

经过多人“传递”的话，流着传着就走样了，这些传走样了的话语，就变成了流言。流言不一定真实，而且还伤人。因为那些善于捕风捉影的人，在传递一个信息的时候，往往喜欢发挥自己的想象和猜测，添油加醋地改变原来的信息。

有句话说：“谁人背后无人说，哪个背后不说人。”生活中，几乎每个人都热衷于对某人或某物进行评价。有时候，对他人不切实际的评论，会伤害他人。

除了道听途说，还有一些人，为了达到自己的某些目的，编造一些别人子虚乌有的事，或夸大事实，中伤他人。

性格开朗的关兰，工作没多久就被升为公司的研发经理。她把大部分的时间和精力，投注在工作上，而且还经常协助工作伙伴，尽最大的努力把工作做好。她的成绩深受上司的肯定。

因为她升迁快，免不了被其他同事眼红。在关兰当了经理之后，她以前的办公室好友，就渐渐地疏远了她。而且一时之间，办公室开始流传起关于她的一些流言，比如开始有同事取笑她和总经理的关系。她身正不怕影子斜，一笑了之，仍然在总经理面前有说有笑地汇报工作。可是，没多久，就听到有人说她和总经理经常逛夜店，两人关系不明不白。

关兰回想，有一次她与总经理陪一个外地来的客户到饭店吃饭到很晚才散场，之后由于客户兴致较高，就一起去唱歌，正好在路上碰到了单位的一个女同事。没想到这个场景在同事的嘴中，就变成了“经常与总经理逛夜店”。

她心里感到一阵悲哀，自己光明正大、兢兢业业地工作，却遭到别人的妒忌和打击。她想不明白，自己太优秀了，难道也有错吗？公司对她和总经理的传闻越来越多。

有一天，总经理夫人找上门来，跟她大吵了一架。从此之后，她就成了公司的焦点人物。

关兰是个大大咧咧的漂亮女孩，她受不了这种复杂的人际氛围。没多久，她就提出了辞职，而接替她研发经理职位的正是那个造谣的中年女同事。

很多人在生活中会遇到关兰这种情况。自己什么也没做，无缘无故就成了他人传播闲话的对象。其实，在这种情况下，关兰辞职是完全没有必要的。她应该好好分析原因，为什么同事会这样说她，对她不友善。

你应该明白“无风不起浪”的道理。那些流言蜚语虽然不代表真实，但它却是许多问题和危机最初的迹象表现。如果你善于观察和分析，你完全可以从谣言看到其背后存在的问题，并尽早采取应变措施。

一味地认为“身正不怕影子斜”是没有用的，自己必须有所改变。比如，是否自己不经意间的举动给同事们造成了误会，是否因为自己的业绩突出就目中无人，是否经常喜欢在别人面前炫耀自己等。当然，最应该想到的是，自己成绩突出，所以招致他人妒忌。

如果有些谣言的矛头直接指向了你，你也不必为此惊惶失措。如果谣言会对你构成大的伤害，当然要站出来予以反击，维护自己，不然谣言会迅速加倍放大。但是，反击也要讲究策略，而事实是最好的反击。

在真相一时难以辨明或暂时找不到有说服力的证据时，要懂得沉默是最好的反击。如果是一些无关紧要的芝麻小事，不妨漠然视之。有些事情会越抹越黑，大张旗鼓地辟谣反而会加剧谣言的不良影响。

适当的时候，可以做出解释。当然，你可以跟一个人、两个人、三个人，甚至十个人去解释，但是你无法做到跟每一个人解释，只要你在乎的人和在乎你的人相信你就行了，流言蜚语终归会随着时间的流逝而消失。

在生活中，能做到坦荡宽容，那么问题就容易解决，并能逐步提高自己在别人心目中的位置。为什么会有关于自己的流言蜚语？为什么他人会针对你？最起码说明了，你与散布者缺乏思想交流，缺乏感情联络。因此，我们应与周围的人多沟通交流，平时多联络多活动。

需要提醒的是，你要注意保护好自己的隐私。当你对生活不满，最好不要轻易向周围的人表露，不要把他人的“友善”和“友谊”混为一谈，以免给自己招来麻烦。如果需要倾诉，一定要找一个真正能让你信任的朋友。

◎破茧成蝶的金玉良言

在生活中，能做到坦荡宽容，那么问题就容易解决，并能逐步提高自己在别人心目中的位置。

做好自己的事情

哲学家罗素说："不管做什么事情，都要全力以赴。成功没有任何秘诀，只要是把自己应该做的事情做好了就可以。"这实质上是在倡导回归"做好自己的事情"的理念。

世间的事情无外乎三类：一类是自己的事情；一类是别人的事情；还有一类就是老天爷的事情（即我们无法决定和参与的事情）。对于平常人来说，如果不是别人有求于你，那么别人的事情基本不用你来管，而老天爷的事情即使想管，我们也管不了，哪天打雷哪天下雨，只有老天爷说了算。所以，唯一能做的就是做好自己的事情，做好你自己的事情也包括私事情。如果每个人都能处理好自己的生活，做到身体健康、家庭和睦、邻里平安，那这个社会会变得更加和谐。

一个社会是一个分工合作的大集体，没有合作就没有社会，没有分工就没有社会，除了战争时期非常时期，如果希望安定与发展，就必须尊重社会的分工，起码多数人是各司其职、各安其业。如果把对于社会的总体关心与做好自己的事情割裂开来，就会出现一大批夸夸其谈、大言欺世、眼高手低、清谈误国的野心者、卖狗皮膏药的所谓"人才"。

当然，做好自己的事情，不能仅仅停留在良好的愿望阶段，要懂得按部就班，要统筹规划，要肯下苦功夫。

实际上有很多人虽然渴望成功，可平日里生活了多年还没弄清自己应该做什么，还不知道想要获得和别人一样的成功，首先是做好自己的事情。

有些人放着今天的事情不做，非得留到以后去做；放着自己的事情不做，却张家长李家短地去掺和人家的事情。其实，他们在这个过程中耗去的时间和精力，就足以把应该做好的工作做好。

克里姆林宫里的一位老清洁工说：“我的工作同普京的差不多，普京是在收拾俄罗斯，我是在收拾克里姆林宫，我俩都在做好自己能做的事情。”从表面看来，二人的工作不可同日而语，但他们都在努力做着自己能做的事情。

只要做好自己能做的事，我们的人生就有价值；只要做好自己能做的事，我们的人生就有意义。大诗人纪伯伦说：“如果你用不甘心去烤面包，那么你烤的面包是苦的；如果你用怨恨去酿造葡萄酒，那么你就在清冽香醇的酒中滴入了毒液。”这话从反面说明我们要安心于自己能做的事情，愉快地做好自己能做的事情。

做好自己能做的事情，才能扬起人生前进的风帆；做好自己能做的事情，才能在茫茫大海上驾驭好自己的人生之舟；做好自己能做的事情，才能使我们此生平凡但不平庸。

无论在何种境况之下，我们一直希望自己能做好每一件事情，更希望与每位跟我们有联系的人搞好关系，但能否如愿以偿都是一个未知数。也许，是因为人真正是一个不可理喻的“动物”，有许多意念不同的人便有诸多不同的理解。

从人的本性而论，《三字经》中已有定论“人之初，性本善”，但人与人又为何存在诸多不同的为人处世的方法与结果呢？其实这并不是人本身的过错，而是残酷的现实让人不得不学会运用适合自己的方法来保护自身的利益。

只要是人能超越做人最起码的标准，无论用什么方法去做任何事情也无可厚非，怕只怕人为了达到一己之私而不择手段，也就失去了做人的资格。谁也不是什么圣人，再说圣人也有让后人不敢苟同的地方。

不同的人做同一种事情可能有不同的方法，如果只从结果而言则有可能是一样，但其中的细节则未必让人人满意。或者说其中有诸多是别人无法接受的，但在权力或是金钱之下卑微的凡夫俗子也只能是敢怒不敢言，而拼命地完成任务则是唯一的本分。

在工作中，我们也许没有很好的工作方法，也没有相当出色的表现，更没有出众的才干，但我们一定告诫自己要一视同仁。

大自然之法则历来是优胜劣汰，渺小的人又如何能够逃离？为了不致被这个飞速发展的社会所抛弃，我们也只有尽心尽力做好每一件事情，不管困难有多大，阻力有多大。

◎破茧成蝶的金玉良言

只要做好自己能做的事，我们的人生就有价值；只要做好自己能做的事，我们的人生就有意义。

为对手叫好

一些人与人初次见面时很客气，与人短时间相处也能做到谦让付出，可是时间长了就相处不好了，不愿为对方付出，甚至斤斤计较起来。成功的处世是与人相处得越久越显示出自己对人的友好。

相处久了，产生一种视对方为工作和生活中的竞争对手的心理，以致处处戒备和设防，对人的笑容减少了，客气话也少了，反而挖苦与讽刺的话多了。

当我们看到自己取得成功的时候总是兴奋不已，希望有人为自己鼓掌。可是当身边人，你的对手取得成功的时候，你该怎样面对呢？是嫉妒还是欣赏？是大声叫好还是不屑一顾？尤其是你平日相处得很紧张、很不快乐的人成功了，这时候，你为他鼓掌，会化解对方对你的不满和成见，改变他对你的态度，打开你们之间的死结。

为他人多鼓掌，这种付出不但对你没有什么损失，而且能给你带来很大的利益。

1991 年 11 月 3 日夜，美国大选揭晓。当选总统克林顿在竞选总部楼前在他的支持者们的聚会上发表即席演说，先是言辞恳切地感谢前一天还在互相唇枪舌剑、猛烈攻击的主要政敌现任总统布什，感谢布什在从一名战士到一位总统期间为美国做出的出色服务，并呼吁布什和另一位对手佩罗及其支持者与他团结合作，在未来四年里重造美国，在全面振兴美国的大变革中继续忠诚地服务于祖国。

而远在异地的布什则打电话祝贺克林顿成功地完成了一场“强有力的竞选”，他还调侃地告诫克林顿，“白宫是个累人的地方”，并保证他本人和白宫各级人士将全力以赴地与克林顿的班子合作，顺利完成交接工作。

竞选的成功与失败，对布什和克林顿这两个对手来说，欢乐与悲哀都是不言而喻的，但在现实面前，两个对手保持了高度的理智，为双方的成绩表现了超然的风度。

亚历山大和大流士在伊萨斯展开激烈大战，大流士失败后逃走了。一个仆人想办法逃到大流士那里，大流士询问自己的母亲、妻子和孩子们是否活着。仆人回答："他们都还活着，而且人们对她们的殷勤礼遇跟您在位时一模一样。"

大流士听完之后又问他的妻子是否仍忠贞于他，仆人的回答仍是肯定的。于是，他又问亚历山大是否曾对她强施无礼。仆人先发誓，随后说："陛下，您的王后跟您离开时一样，亚历山大是最高尚和最能控制自己的英雄。"

大流士听完仆人这句话，双手合十，对着苍天祈祷说："啊！宙斯大王！您掌握着人世间帝王的兴衰大事。既然您把波斯和米地亚的主权交给了我，我祈求您，如果可能，就保佑这个主权天长地久。但是，如果我不能继续在亚洲称王了，我祈祷您千万别把这个主权交给别人，只交给亚历山大，因为他的行为高尚无比，对敌人也不例外。"

为朋友付出容易，为别人付出困难，为对手付出更困难。付出既有物质上的，也有精神上的。当别人有困难的时候，你的一句鼓励话就是给予，当别人成功的时候，你的掌声就是礼物。一些同行冤家和竞争对手，多采取的是阴险的手段——打击报复，而不知道如何化敌为友。想把对手变成朋友，就要舍得为他"付出"。对方陷入困境的时候，你要保持冷静，不能见机踹他一脚。当你成功的时候，不要在对方面前趾高气扬，应克制自己，不要流露出得意。

我们在做事的过程中处处有竞争，那么对竞争中的对手你该怎样看待他们呢？对于你的对手，切不可嘲笑、贬低，更不可诅咒。因为所有的敌人都可能是你的对手，但对手不一定就是你的敌人。

他们有可能是你的动力、朋友乃至知音。

有一位小提琴演奏家为人指导演奏时，从来不说一句话。每当学生拉完一曲，他都会亲自把这一曲再拉一遍，让学生从倾听中得到教诲和领悟。

有一次，他收了一名新生。在拜师仪式上，他先让新生演奏了一首短曲。这个学生很有天赋，他的短曲演奏得出神入化，天衣无缝。等演奏完毕，演奏家照例拿着琴走上台，但他并没有奏响学生的这首曲子，而是将琴从肩上拿下来，深深叹了一口气，慢慢地走下台。

众人不解地睁大眼睛，他面对大家微笑着说："他拉得太好了，我没有必要再指导他，如果我再拉一遍只能是误导。"这个演奏家对学生的赞美和褒扬所表现出的磊落胸怀，赢得全场雷鸣般的掌声。

一位成功人士说："为竞争对手叫好，并不代表自己就是弱者。为对手叫好，非但不会损伤自尊心，相反还会收获友谊与合作。"为对手叫好是一种美德，你付出了赞美，得到的是感激。为对手叫好是一种智慧，因为你在欣赏他们的同时，也在不断提升和完善自我；为对手叫好是一种修养，为对手赞美的过程，也是自己矫正自私与妒忌心理，从而培养大家风范的过程。

美德、智慧、修养，是我们处世的资本。如果能做到放低姿态为对手叫好，那么，十年以后，你在做人做事上必定会成功。

◎破茧成蝶的金玉良言

为竞争对手叫好，并不代表自己就是弱者。为对手叫好，非但不会损伤自尊心，相反还会收获友谊与合作。

第七章 努力工作，为了自己的余生不寂寞

现在的很多年轻人，总认为自己仅仅是在为公司而工作，为老板而工作。诚然，你是在为公司而工作，为老板而工作，但你同时也在为自己而工作，不管你承认与否，意识到与否，这一点是客观存在的。为了十年以后能够有所改变，从现在开始学会为自己而工作。

走好职场的第一步

在生活中，时常碰到一些年轻人，对自己的工作各露心态：有些人为自己谋得一份轻松而报酬丰厚的工作而沾沾自喜，似乎能长期下去就心满意足了；有些人感叹自己命运不好，关系不硬，找了份又苦又累、收入又低的苦差事，似乎这辈子的希望成了泡影；有些人潜心研究拉关系、走后门挣一份好工作的“诀窍”，想以此尽快改变自己的处境；还有些人抱定“宁肯迟工作，也要选一个好岗位”的想法，对工作挑三拣四……

诚然，谁都想一开始就有一份好工作，但事实上偏偏又不可能每个人都能有份好工作。然而，第一份工作是人生的崭新起点，在人的一生中具有十分重要的意义。它的重要性不仅体现在你将干什么，而是在于你将怎么干，从中懂得了什么——也就是以什么样的态度去工作，这将会影响你的一生。

美国《先驱报》荣誉总裁罗伯托·苏亚雷斯，刚到美国时，在《先驱报》做临时工，负责站在广告插入机器前，将一份份广告夹入报纸内，每天工作 15 个小时。他认为，这是一生中最严峻的时期，但也是最大报偿的时期。因为他明白了，没有什么收获是理所当然而不需要付出努力的。

ABC 电视专栏明星帕特里夏·莫斯森，开始做旅馆女招待，不管是顾客要求做分内的事，还是支使服务范围以外的事，都努力干好。她认为，第一份工作帮助自己获得了自信，无论干什么，都全力以赴，即使失败了也不遗憾，因为已经尽力了。

这两位美国名人的第一份工作在一般人看来都很低卑，但他们从中得到了受益终生的做人之理。

第一份工作固然重要，但绝不是最后一份工作。处境的改变，理想的实现，事业的成功，不在于做的是什么工作，而在于工作做得怎么样。

因海湾战争而扬名全球的鲍威尔的第一份工作，是在一家汽水厂抹地板，当时他就打定主意，做个最好的抹地工人，结果第二年就被提升为副工头，最终成为声名显赫的政治家和军事家。

鲍威尔的成长告诫年轻人：凡是能成大业者，都不会嫌弃平凡的工作，都是在实干的基石上建起自己事业的金字塔的。

选择第一份工作可能是不由自主决定的，但怎样看待第一份工作，怎样在工作中成功地迈出第一步，走好人生奋斗的第一起点，却是靠个人努力的。

俗话说："好的开始是成功的一半。"对于刚刚步入社会的年轻人来说，第一份的工作表现对你以后的发展都会有决定性的影响。

你能否好好发挥潜力，往往要视你的工作环境，以及你对这个环境的适应能力而定。比如你的职务，你所受的正式或非正式的培训，同事和老板的工作态度和公司的政策等，都将直接影响你的发展。当然，这并不是唯一因素，你的工作态度、责任感、能力和取舍也都影响着你的前途。

刚刚踏上工作岗位时，你首先要做的事情就是谋求建立上司对你的信任。你需要认识、了解他，明白他对你的要求，然后尽量把差事干好。这是博取他对你的喜欢和信任的唯一方法。只有当你赢得他的信任时，他才会委你以重任。也许，经过全力以赴的努力，你所得到的工作并不如意。或许此时，你心中可能滋生一种厌倦的感觉，你发现单位办事效率低下，人际关系复杂，职员缺乏上进精神、创新精神、安于现状等等，你会后悔来到了这个公司。

其实，你不必再悔恨交加。你现在好似行驶在单行线上的汽车，不能回头。坚持一直向前走，或许一年半载，就会适应的。

这也提醒我们，在择业时对公司不要寄予太高期望。因为期望越高，失望就可能越大；希望越大，痛苦可能越多。

面对自己的新岗位，不应该再左思右想，犹豫徘徊。你要做的应是力求在新单位站稳脚跟，不断进步。如果两三年后还无起色，再急流勇退不迟。

刚就业时最重要的一件事，就是尽快尽好地熟悉这份新工作。不论你有多高的学历，对于新生事物，你要学的、要了解的总是很多。尤其是在竞争激烈，具有挑战的环境下工作，此时要考验的就是个人能力和工作方法。因而，对于那些有机会让你学习新知识、新技术的工作，你要乐于接受。这对于丰富你的知识和增长你的工作经验和才干是很有帮助的。

在工作中尽可能多看、多学、多思，迅速熟悉业务，熟悉人头，记住领导和同事的名字，对他们表示适度的尊重，不可低三下四，贬低自己，也不应自高自大，自命清高。

年轻的你在未参加工作之前，总是抱着很美好的幻想，相信自己的才华能得到施展，相信自己的抱负能很快实现，相信世界公平到只要你付出就有回报，相信是金子就能发光……但是，现实往往不是这样的。为了避免失望，为了更好地适应社会，你能做的、最简单也是最明智的，就是尽自己最大的努力。只有这样，你才能不断培养自己的能力和积累自己的经验。十年以后，当回顾职场的第一步时，你会为自己当初的努力感到欣慰的。

◎破茧成蝶的金玉良言

选择第一份工作可能是不由自主的意志决定的，但怎样看待第一份工作，怎样在工作中成功地迈出第一步，走好人生奋斗的第一起点，却是靠个人努力的。

能力比学历更重要

一家公司招聘销售部经理助理，应试者如云。

经过层层选拔，最后，只剩下三名候选者。他们各有所长，难分上下，但名额只有一个。因此，销售部经理决定出一道题，选择自己的未来合作者。

他出的题目是谈谈对《皇帝的新装》的看法。

第一名候选者是个文学硕士毕业。他不假思索地说："这篇故事是安徒生 1837 年写的，当时他 32 岁；这篇童话揭露了统治阶级的虚荣、铺张浪费和极端愚蠢；这种现象在任何时代、在任何人身上都会变版重演，因此这篇童话到今天还具有现实意义。"

第二名候选者是哲学硕士毕业。他也不甘示弱地说："老子早说过，大音希声，大象无形，换句话说就是，此时无声胜有声，无形胜有形。我们可以就此推而广之，'天衣无缝'可说是形容最好的衣服。无缝的衣服，当然是：此时无衣胜有衣。可以看出，安徒生受过中国传统哲学的影响。"

第三名候选者是经营管理大专毕业，但这文凭只花了他 300 元和两天时间，实际上他只是小学毕业而已。他思索了一会儿后说："我小时候看过这个童话，是谁写的忘了。以前，我想当那个说真话的孩子，但自从我做了销售后，才明白做童话中的两个裁缝才是我要追求的目标。如果您需要这样一个裁缝，选择我，您不会后悔。"

过了几天，前两名候选者收到了婉拒的信，信中说："很遗憾，我们要找的只是一个裁缝而已。"显然，第三名候选者被录取了。

应当承认，高学历者步入社会的起点确实要比低学历者高，因为多年寒窗苦读，让他们学到了不少理论知识，增长了不少见识，但是，高学历不代表高能力，学历再高也不能代替实践经验。

高学历的年轻人通常会有一些莫名的优越感，而且拿更高的学历、更值钱证书的人，比低学历者更容易吸引一些企业。但是，事实却证明，并不是高学历的人更容易成功。留心一下，你会发现，那些低学历的人都当了老板，而那些高学历的人却还在打工。

“学历”通常是一个公司最先判断员工能力的一个基本要素。员工学历的高低决定了公司整体的知识结构和素质水平。然而，学历只不过是进入企业的一块敲门砖，进入了企业，学历就变成了一文不值的纸，接下来的道路要靠自己去走。

总有许多人埋怨自己的学历太低，从而丧失找到好工作的机会，其实，机会只垂青时刻追求的人。这种抱怨只不过是一个借口，完全是没有必要的。现代企业选人才的最终目的是为了给自己的企业带来利益，只要你有这个能力，即使你是低学历者也完全能获得机会。

蒋代是个十足的文盲，因为少年时家里穷，没有钱上学，只好跟着在一家染布厂做技术的父亲学艺。经过努力，他担任了一家染印厂的技术经理，每月有近万元的固定薪水。随着工厂的效益一天天增加，他的薪水也一天天增长。

后来，工厂新调来一位厂长，他很瞧不起没有文化的人，进厂第一件事就是降低成本，把蒋代等一批工人的工资降低，随后引进一批实习生。

两年后，工厂把蒋代辞退了，因为工厂达不到他的薪水要求。把蒋代辞退后，厂长招聘了一些工资水平低的师傅，其中也有化工专业毕业的。这些师傅讲起理论来，眉飞色舞，可到操作时，错误百出。往往因为色料调配不对、用量把握不当、温度控制不合理，导致颜色偏差，花纹效果不理想，造成返工、退货、报废等比率居高不下。不但货期拖延，客户资源也流失严重。

新领导在无计可施之际，又想到了蒋代，在原有基础上再加薪2000 元，重新让他担任了技术经理。

从学历方面来说，蒋代根本无法跟那些高学历的“理论师傅”相提并论。可是，在工作过程中通过观察、总结，他积累了一些别人没有的经验以及核心技术，这也就让他有了跟高薪叫板的筹码。

低学历并不是阻碍一个人发展最重要的因素。对于很多年轻人来说，这只是他们不上进的借口，或是一种无法超越的心理障碍。

有些人不能适应职业工作，很大程度上是因为自己所具备的知识和技能与工作要求不相符。解决办法，就是在本职工作中丰富自己的知识，提高工作技能。在这里，除了要有坚强的毅力外，还须掌握科学的方法和具有足够的自信心。

对于新参加工作的人来说，在职业工作中出现各种不适应，是必然的，但同时我们也应看到，它又是一种暂时的现象，人们大可不必太过忧虑。如果能够正视这种现实，同时以积极的态度和行动对待之，那么，大多数人一定可以摆脱“困境”，十年以后，在本行业内开创出自己的一片天地。

◎破茧成蝶的金玉良言

高学历者步入社会的起点确实要比低学历者高，因为多年寒窗苦读，让他们学到了不少理论知识，增长了不少见识，但是，高学历不代表高能力，学历再高也不能代替实践经验。

充满激情地工作

1903年7月，莱特兄弟在实现了人类飞行的梦想之后，畅游欧洲。在法国的一次欢迎宴会上，人们纷纷表示祝贺并希望他们能给大家讲讲话。莱特走上讲台，只说了一句话："据我所知，会说话的鸟只有鹦鹉，而鹦鹉是飞不高的。"

事业依赖的是执着的追求和埋头苦干的精神，而非动人的言辞。要想干出一番事业，除了努力工作之外，没有任何捷径，更没有任何替代品。

一位成功学大师曾经如是说："如果我们仅把工作作为一种谋生手段时，我们不会去重视它、喜欢它，甚至热爱它。而当我们把它视作是深化、拓宽自身阅历的途径时，每个人都会从心底里重视它。因为那样工作带给我们的，将远远超出其本身的内涵。工作已经不仅仅是工作，它们是对生活方式的一种选择。它成为生活的一部分，为我们构筑一段丰富而有意义的人生。"

工作不应只是一种赚钱、养家或赢得社会地位的手段，而应该同时是提供丰富的、并培养人具有各方面经验的手段。

一位年轻的美国妇女，已经在美国的两所高等学府拿了两个学位。她曾经作为律师和社会工作者工作过一个时期，同时还学过功夫，被授予功夫等级的黑腰带。然而，她目前的学业即将结束，现在困扰着她的是今后该做什么。

她的问题不是一件普通的小事。她无法决定她是应该去从事公司律师行业或企业管理顾问赚更多钱呢，还是应该去献身于慈善事业，帮助那些生活在条件极差的社区里遭到无数打击的妇女们，或者去好莱坞，在功夫片中当一名替身演员。

给我们留下深刻印象的，不是这位妇女可以有这么多的工作机会可以供她选择，而是她要对这些机会进行那样认真的，甚至是不情愿的反复考虑和选择。

长久以来，我们已经渐渐习惯了依赖外界对自己的肯定。对于男人而言，成功取决于他的收入以及他在公司里混出的地位。男人一生中的首要任务就是尽量多赚钱。银行存款额的多少、工作地位以及汽车档次的高低等等，造就了一个男人的身份地位。而“女权运动”则鼓励新女性走向社会，从男人那里夺回“不平等的一切”。于是，妇女们也开始了在同一条道路上的为“成功”而进行的跋涉。

这是件令人悲伤的事情。我们能否创造一个注重个人素质而不是银行存款多少的社会？一旦我们变得更真实，不那么在乎世人的目光，不那么在乎已有的过去，也许我们就可以为自己和世人重新对成功下一个定义。

你要努力实现生活和工作的平衡。工作是你生活中的重要部分，但不是唯一的部分。即使你拥有了自己非常热爱的、世界上最好的工作，你仍需要使它与自身生活的其他方面相互平衡。加班加点工作在我们这个社会已成为非常普遍的现象。大家工作都太累了，没有时间和精力去享受生活中的其他乐趣。在平衡的意识下工作，十年以后，我们就有可能获得满意的工作和家庭生活。

当我们用了大部分时间对外界展示一个与工作有关的形象时，当我们最后终于抽出空来了解自己内心的感受时，我们往往会发现一种深深的、无法公开的空虚感，觉得有些事情并不对头。

那么，年轻的你应该如何提高工作的激情呢？

（1）全面了解你的工作及其意义

了解一件工作或是产品，可以增加激情。工厂训练推销员的时候，要把产品的制造细节教给他们。虽然，这些知识在推销的时候很少派上用场。但是，对自己产品的彻底了解，使得推销员在对顾客推销的时候能够更有权威和激情，也造成了更好的销路。

我们对任何一件事知道得越多，就会对它产生越强烈的激情。如果你对自己的工作没有激情，便该找出它的原因，很可能是因为你对自己的工作知道得不够多，或是不了解自己对整个程序所做的贡献。

(2) 订出一个明确的目标

一个人必须固定他的视野，如果他立志要成功的话，他必须知道他正在为什么目标而工作，然后他才可能锲而不舍地完成它。一个知道自己目标的人，往往就不会因为挫折和失败而泄气了。

你必须明确对未来的希望，弄清楚你的目标和期望。并尝试努力完成明确的目标，而不要做那些模糊与不可能成功的白日梦。

(3) 把工作变为娱乐活动

把工作看作娱乐，就能以工作为消遣。请记住劳动和娱乐的不同就在于思想准备不同。娱乐是乐趣，而劳动则是“必做”的，假如你是职业足球员，如果把注意力放在娱乐上，你就可以和业余足球员一样，更加地投入比赛。这里不是说比赛本身不重要，而是不要把全部精力集中到比赛这个“赌注”上，而忘记了踢球本身就是娱乐。球员常常是忘记了“比赛”，获胜的机会更大。

(4) 不断给自己加油打气

许多相当成功的人都发觉这是个建立激情的好方法。新闻分析家卡特本说，他年轻而毫无见闻的时候，在法国当推销员，每天走访一户又一户的人家，每天出发以前都要对自己说一番勉励的话。

你若想充满激情的话，不妨每天早上对自己说：“我爱我的工作，我将要把我的能力完全发挥出来。我很高兴这样活着，我今天将要百分之一百地活着。”

◎破茧成蝶的金玉良言

对自己的工作充满激情的人，不论工作有多么困难，始终会用不急不躁的态度进行。只有抱着这种态度的人，才可能会成功，才可能达到目标。

展现自己的才华

人的才能离不开表现。只有表现，才会为他人所知；知道的人多了，为你提供的机遇也就会多起来。有时，甚至会出现这样的结局，在你的表现得到认可之时，就是机遇来临之日。

在电影《飘》中扮演女主角斯佳丽而一举成名的费雯·丽，就是在表现自我中抓住机遇成名的。当时，《飘》已开拍，但女主角的人选还没确定。毕业于英国皇家戏剧学院的费雯·丽决定争取出演斯佳丽。但她当时还默默无闻，没有什么名气，怎样才能让导演知道“我就是斯佳丽呢”？她决定毛遂自荐，方法是自我展现。

一天晚上，刚拍完《飘》的外景，制片人大卫又愁眉不展了。突然，他看见一男一女走上楼梯。男的他认识，那女的是谁呢？只见她一手扶着男主角的扮演者，一手按住帽子，自己把自己扮装成了斯佳丽。这时，男主角突然大喊一声：“喂，请看斯佳丽！”大卫一下惊住了：“天呀，这不就是活脱脱的一个斯佳丽吗？”费雯·丽被选中了。或许，许多人不会像费雯·丽那样走运，可能不会一次表现，就一举成功。这就需要有耐心，有恒心，一次不行，就多表现几次；在一个地方表现无效，就在多个地方进行表现。表现多了，被发现、被赏识的可能性就会增加。

当然，没有踏实的工作做基础，只靠“表现”也是不行的，任何一个领导真正所欣赏的、得意的是能为他创造业绩、能为他带来荣誉的下属。只要你为领导做出成绩，向领导要求你应该得的利益，他会满心欢喜答应的；如果你无所作为，无论在利益面前表现得多么“老实”，领导也不会欣赏你，器重你的。因此，你要把握好“苦干”与“展现”的分寸。

社会变革的加快，加速了知识更新的步伐。错过了时机，知识就会贬值，精力就会衰退。如果一个人不能在自己的黄金时代，抓住机会，大胆地、主动地贡献出自己的聪明才智，而总是“藏而不露”，那就会贻误时机。否则，十年以后，你会悔恨地看到你早已错过了时机，你的知识和特长已经成为过时的东西。在知识骤增的今天，不管你怎样“学富五车”，也只能在短短的时间内保持优势，能不能在这短短的时间内获得施展的舞台，将成为决定你成败的关键。

当今社会是人才济济的社会，可供社会选择的人才很多。你既然扭扭捏捏，羞羞答答，表示自己这也不行，那也不行，那么，有谁还愿意放着别的能人不用，而来花时间考察了解你呢？而且，既然存在着竞争，对于机会，别人就不会同你谦让，而会同你竞争。一旦你失去被选择的机会，别人就会捷足先登，而你只好自叹弗如了。

一些人把勇于表现自己的胆识与才华同“出风头”联系在一起，这显然是不对的。主动进取，充分显示自己的才能，这不是出风头，而是对自己的尊重以及对社会的负责。有些真知灼见，你不宣传，别人就不知晓；有些创新见解，你不宣传，也就无法得到推广。这不仅是个人的损失，也是社会的损失。

大家都知道电话机是贝尔发明的，殊不知在贝尔以前，早有人发明了这类装置。不过当时人们不理解这种发明的社会意义，不予理睬，而这位发明人也就此撒手了。贝尔发明电话机后，遭遇也并不比这个人更好，但他却顽强地向人们宣传自己的发明成果，像“马戏团”那样，到许多城市去表演。实在行不通的情况下，又办了个“贝尔电话公司”，最后才把电话推广开来。

如果没有贝尔的“自吹自擂”，电话机或许不会进入人们的家门。可见，勇于表现并不像人们想象的那样坏。恰恰相反，这正是优秀人才不可缺少的一种品德。勇于表现，是把内在的本质外在化，精神的东西物质化，有用的经验公开化。从这个意义上说，勇于表现的过程，就是人们积极从事创造的过程。它把个人的智慧和才能，理想和抱负奉献出来，供他人去认识和了解，供社会选择和使用。

晋升是每个职场中的年轻人都希望得到的。通过晋升，你可以使自己获得更高的声誉、更高的地位、更多的薪水、更多的职权，可以控制和驾驭更多的人和事。很多年轻人有着较高的学历和不错的工作业绩，却总是得不到老板的青睐，得不到提拔，在一个单位总是原地踏步。这种时候，心理不平衡、牢骚满腹显然于事无补，应该学会冷静客观地分析，为什么你总是没有机会更上一层楼。

在一个单位，每次晋升的职位毕竟有限，有时一个职位有几个甚至几十个人在竞争，最终能幸运获得晋升的只有一个人。这就在一定程度上体现了竞争的激烈性和残酷性，增加了很多的变数。

一些人虽然工作技能高，却常常无法按时完成工作任务，或无法与同事和睦相处，最终影响了在公司中的提升。

任何一个人得到晋升都是有原因的。至少有四个因素在起作用：你的工作能力；你工作能力的展现；能推荐你的伯乐；重要的机遇。

这其中，能力是最重要的因素，直接影响到后面的几个因素。如果你没有足够的能力，就不可能有能力的展现，而不能引人注意，就难以得到他人的推荐，即使有晋升的机会，也很难抓住。

这说到底，也是自己提拔自己。也就是说，要懂得时刻提升自身价值，提高自己的业务能力，打造个人品牌，练好内功。实际上，职场上的每一次升迁都是自己提拔自己的结果。

◎破茧成蝶的金玉良言

在知识骤增的今天，不管你怎样“学富五车”，也只能在短短时间内保持优势，能不能在这短短的时间内获得施展的舞台，将成为决定你成败的关键。

相信自己能做好

每个人都渴望成功。每个人都希望这一生中上帝能赐予他最好的。没有人喜欢在平庸中蠕行与苟且，没有人喜欢居于“次一等”的感觉，也不愿被迫感到自己“次一等”。

西方有句俗语“信心可以移山”，常常被各个行业获得成功的人士津津乐道。

信心的力量并无任何神秘或不可思议之处。信心的作用是这样的：它是一种“我确信我能”的态度，它能衍生出力量、技巧以及必要的精力。当你相信“我能做”时，那“如何去做”的问题会自然迎刃而解。

相信，很多年轻人都希望有一天能够享受到居于巅峰地位的成功滋味。但是，这些年轻人中大多数对他们能够到达巅峰地位并没有信心。于是，他们便真的不能达到高位。相反，由于他们相信了爬到高层是“不可能的”，他们便不能发现迈向更高目标的步骤。就这样，他们的行为一直停留在平凡者的阶段。

然而，这些年轻人中有少部分真的相信自己会成功。他们以“我要达到巅峰地位”的态度致力于他们所从事的工作，对此拥有坚强的信心，于是，十年以后，他们就真的达到了“巅峰地位”。

一旦开始相信自己会成功，他们便会开始研究和观察比自己高的资深主管的责任和行为，不断学习成功者是如何解决问题和下决定的，同时也留心观察成功者的态度。

只要你真正相信你能够移动一座山峰，那么你就真的能做到。可是真正相信自己能移动山峰的人又有几个呢？也许在某些场合，你会听见某人这样说：“光凭口中念叨‘山，移开吧！’就以为自己能把山移开，这根本不可能！这是荒唐和迷信。”

有这种想法的人无疑是将“信心”和“想当然”混淆了。的确，你无法凭想象移开一座山，你也不能凭想象得到提升，更不能凭想象就住进豪宅，或者瞬间进入高收入阶层。但是，你可以凭借信心移开一座山。你能以“相信我能成功”赢得成功。

只有相信自己“能”的人，才会想到“怎样去做”。成功的人士懂得：信心，坚强的信心能带动心智去想出方法与步骤。“相信自己能成功”会赢得他人的信赖。

一位推销员从一本书中看到一句话：“每个人都具有超出自己想象两倍的能力。”在相信了这句话后，他便迫不及待地想要印证。

他首先思考自己以往的工作状况及态度，并且试着用调查每天平均的访问次数，除以平均订约的件数，就是顾客可能订立契约的概率。结果发现一项重要的事实，那就是以前自己每次有和大顾客订约的机会时，总是因为畏缩怠惰而白白丧失良机，甚至连访问顾客的工作都不曾实行过。

从此，这位推销员不再专注于狭窄的利益，而决心巩固远大的利益：访问可以订立大契约的客户；增加每天的访问次数；努力争取更多的订单获得率。

这位推销员是否印证了两倍能力的说法？是的，而且比两倍还要多，就在放大目标后的5个月，他获得了较从前多3倍以上的订单。

普通人都认为不可能的事，你却肯向它挑战，这就是成功之路了。然而这是需要信念的，信念并非一朝一夕就可以产生。因此，想要成功的人，就应该不断地去努力培养信念。

培养信念的一个方法是，多读一点有关的好书，然后，利用潜意识的无限的能力，使事情变成可能。另一个方法是，提高自己的欲望。借着提高自己的欲望来培养自己的信念，也就是要抱着欲望去挑战，而从经验中培养信心。这时候，如果能配合着读一点好书的话，效果会更好。

要努力以“可能”这种思想为种子，播在你的意识中，然后注意培养、管理。不久，这粒种子会慢慢生根，从各方面吸收养分。如果能热心并忠实地继续培养信念的话，不久所有的恐惧感就会消失殆尽，不会再像过去一样出现在软弱的心中，自己也就不会再成为环境的奴隶。培养“可能”这种信念，也就是把自己的力量，提高到最大的程度。

“没有明亮的眼睛看不清楚，没有远见的卓识成不了大事。”一位哲人曾经这样说。成大事者往往是那些有远见的人。

没有远见的人只看得到眼前的、摸得着的、手边的东西；而有远见的人，心中装着整个世界。远见与人的职业、身份、地位无关。世界上最穷的人，并不是身无分文者，而是没有远见的人。

远见能预见你的未来。缺乏远见的人可能会被等待着他们的未来弄得目瞪口呆。措手不及的变化常常让他们不知该如何对待变故。人生中充满了机会，但缺乏远见的人往往不能抓住这些机会。

远见给人创造性的火花，使人可能取得成就。成功人士都是这样取得成功的。奥运金牌得主不能只靠运动技术，还要靠远见的巨大推动力；商界巨子也一样。远见就是推动人们前进的梦想，随着这梦想的实现，你会明白成功的要素是什么。没有远见，人生就没有瞄准和射击的目标，就没有更崇高的使命能给你目的与希望；当你有远大理想时，你才会创造出伟大的成就。

◎破茧成蝶的金玉良言

只有相信自己“能”的人，才会想到“怎样去做”。成功的人士懂得：信心，坚强的信心能带动心智去想出理由、手段与步骤。“相信自己能成功”会赢得他人的信赖。

利用好你的时间

人和人之间的差别不是他们拥有多少时间，而是如何利用时间。大多数杰出人物的成就就是在别人浪费掉的时间里取得的。要取得人生的成功，我们手中可利用的时间虽然有限，但是，时间不是不够用，而是我们不知道如何有效运用。

雷巴柯夫说：“时间是个常数。但对勤奋者来说，是个变数。用‘分’来计算时间的人，比用‘时’来计算的人，时间多59倍。”要想充分利用时间，以确保不浪费时间，最重要的就是把握现在。

一般人在与不同的环境、不同的年纪、不同的心绪下，对时间可能会保持不同的看法。这些看法之间往往是相互矛盾的。当一个人需要料理的事情太多时，他总是感到“时间不够支配”；但是，当一个人无所事事时，就又感到“不知如何消磨时间”。可见，一般人对时间的态度是极为主观的。

视时间为敌人的人，经常将时间当作超越与打击的对象。这种人往往自己设定难以完成的时限，以便“打破纪录”或“刷新纪录”。例如，有些人开车上班，喜欢寻找捷径，以便创造纪录；对这种人来说，节省下来的一点时间，就好像能积蓄下来似的。

还有些人在到可约定时间的场合，因早到而感到“胜利”、因迟到而感到“沮丧”。这种“胜利”或“沮丧”的感觉，是针对时间的早晚而产生，并非针对时间的早晚所导致的后果而产生的。例如，有些人会因为约会时迟到一两分钟而感到沮丧，虽然对方并不觉得有什么不妥，但他们却是因自己与时间打输了一场仗而感到沮丧。

视时间为神秘物的人通常都认为时间高深莫测。他们对待时间的态度，与他们对待自己身体的态度极为相似。除非等到他们的肠胃出毛病，否则，他们不会意识到肠胃的存在或是肠胃的重要性。同样，除非等到他们对时间的使用受到限制，否则，他们不会意识到时间的存在或是时间的重要性。

视时间为神秘物的人，因为忽视时间所加以的各种限制，所以能够专心致志地工作。这未尝不是一种长处。但是，时间对绝大多数人来说都是吝啬的。除非他们真正了解到这种吝啬，否则他们将无法适当地从事时间的调配。

旧金山的加利福尼亚医学院副教授查尔斯·卡菲尔德领导着一个“成功事业”研究中心，他已经研究了在各行各业1500名杰出的成功者。他发现，这些人都各自具有自己的特长，但也有一些共性——比如，办事高效就是他们最显著的共性之一。这种特性是有可能在后天为每人所掌握的。

这并不意味着每个人都能成为公司经理或奥林匹克冠军，而是要说明我们所有的人都有可能更充分地利用好自己的时间，在十年以后达到自己期望的目标。

◎破茧成蝶的金玉良言

时间给予每个人都是一样的，但是每个人利用的时间却是各不相同的。能够利用好时间的人可以达到别人无法实现的成就。

认真完成所有的工作

韩振伟现在一家单位上班，却在一个自己非常不喜欢的岗位。他感觉很没意思，想换份工作，又感觉真的是太难了。越做越不开心，但为了生活，为了不必要的奔波，他又不得不继续坚持下去。

人难道真的要为工作改变自己？为了生活，就要做自己不喜欢做的事情吗？人生短短几十年，不知这样算不算是荒废了自己的前途？为什么有的人工作那么有意义，而自己的工作却像一种煎熬？

专业和职业不对口，工作和兴趣不相应，是很多年轻人开始工作时，遇到的最大困惑。

周海有大专文凭，毕业不到一年，现在在一家贸易公司做文案工作。工作难度不大，也很稳定，但是薪水也不高。周海实在不喜欢这份工作，但是他每次想换一份工作时，就想起一次领导对他说的一句话："这个社会没有工作适合你，只有你适合这个工作。"想到这句话，周海就会动摇换工作的决心。

当一些刚刚参加工作的年轻人整天无精打采，毫无工作与生活的乐趣，不停地怨叹工作的不幸和人生的无聊时，你会发现他们多数正做着自己不擅长的事。还有一些年轻人有着不错的学识和学历，但是因为所从事的职业与他们的才能不相配，结果久而久之竟失掉了原有的工作能力。由此可见，不称心的工作最容易磨灭人的精神，使人无法发挥自己的才能。

没有任何东西可以取代你所热爱的事物，你热爱的就是你所擅长的，你会为你所擅长的全力投入。选择能发挥自己特长的职业，正确认识到自己的兴趣以及能力，把自己的天赋特长与职业结合起来，你的事业就更容易成功。

年轻人在工作之前，首先应该找准自己的定位，明白自己喜欢什么工作，这项工作要如何获得，需要自己具备怎样的才能。很多年轻人常常过高或是过低地估量自己，有的过于看重自己的文凭，或者看重自己在学校的成绩，有的过于低估自己身上的潜质，所以，实际工作往往和理想中的工作不对称。我们需要认真地分析自己，又需要多了解社会需求，以求定位准确。在没有任何工作经验的时候，做你应该做的事，而不是做你喜欢做的事。

在选择工作的时候，不要过于急躁，过于草率。如果无法确定，不妨慢慢来，重新考虑。在你确定自己的职业目标时，尽量将自己的宝贵青春和精力用在你擅长的地方。最好的工作不一定是最适合你的。在别人看来比较完美的工作，但对你来说，也许并不那么完美。

也许你对自己还不太了解，不清楚自己的特长和实力。如果你在一个工作岗位工作一段时间，没有任何起色，就要考虑你的职业方向是否正确。你是否适合从事这项工作，你的优势是什么。考虑好了再做决定。

其实，每份工作都给我们提供了一个展示自己的平台。对于目前不喜欢的工作，敷衍绝对不是良策。工作不喜欢并不意味着一切都要坐等，相反，你可以抓紧时间学点新技能。珍惜现有工作的每一秒，你才能成为未来某个工作的优秀候选人——机会是给有准备的人的。

对于目前不喜欢的工作，是敷衍，还是像对待自己喜欢做的事情一样，认认真真把它做好。其不同的结果反映着人们不同的工作态度和生活原则。

工作中的每一件事都值得我们去做，而且还要专心地去做。

卢浮宫藏有一幅莫奈的油画，画的是女修道院的厨房里的场面。画面上正在劳动的不是普通的人，而是一群天使：一个正在炉上烧水，一个正优雅地提起水壶，另外一个穿着厨娘的服饰，一只手去拿餐具——这是日常生活中最平常的劳作，天使们却做得全神贯注、一丝不苟。

行事本身并不可以说明它自身的性质，而是由我们做它时的精神状态决定的。工作是否乏味无聊，往往和我们做它时的心情状态有关。

人生理想贯穿于整个生命，你在行事时所表现出的姿态，使你区别于周围的人。你对工作的态度，可能使你的思路更宽广，也有可能变得更为狭隘；有可能使你所从事的职业变得更为高尚，也有可能变得更为低俗。所有的工作对人生都具有十分重大的意义。

如果你是位建筑工程师，是否在砖块与砂浆之间感受到诗意？如果你是从事图书管理工作，在整理书籍的间隙，是否感受到自己正身处知识的海洋？如果你是学校的教师，是否对每天重复的教育工作感到厌烦，却在一见到自己的学生时变得极为有耐心，一切的烦躁都烟消云散了？

假如只从他人的角度来看待我们的职业，抑或仅用世俗的标准来权衡我们的职业，我们的劳动也许真是毫无生气、单调乏味的，似乎看不到任何意义，没有一点吸引力和价值可言。这就如同人们从外面观察一个大教堂的窗户。大教堂的窗子上落满了灰尘，灰暗无光，光华不在，只剩下乏味和败落的景象。但是，只要跨过门槛，走进教堂里，立刻可以发现精美绚丽的颜色、清晰的线条。阳光透过玻璃在闪烁跳跃，造就了一幅幅美丽的图画。

人们对待问题的看法是有局限的，我们只有从内部去观察才能看清事物实际的本质。有些工作只从表象看似乎索然无味，只有深入进去，才可能感受到其真正意义。所以，不管是否幸运，每个人都应该从工作本体去理解它，将工作看作生命的权利和荣誉。只有这样，十年以后，你才能从工作中收获到属于你的成果。

任何一项工作都值得我们去做。不要轻视我们所从事的每一项工作，即便是最不起眼的事，也应该尽职尽责、全力以赴地去完成。小事情顺利完成，有利于你对重大事物的成功把握。一步一个脚印地努力向前，便不会轻易失败。在工作中获得确切强大的力量的诀窍就蕴含在其间。

◎破茧成蝶的金玉良言

任何一项工作都值得我们去做。不要轻视我们所从事的每一项工作，即便是最不起眼的事，也应该尽职尽责、全力以赴地去完成。

在工作中不断进步

在现在的企业组织里，工作范围的界定其实只是每个人所该做的最小范围。对工作有着雄心和热情的员工，绝不会将自己局限在固有的工作范围之内，他们知道要想在工作上有一番成就，就必须不断寻找学习的机会，扩大自己对公司的贡献。

很多公司的老板越来越不喜欢雇用那种只知道每天固定朝九晚五、缺乏独立思考能力和创造力的员工。想要用“那又不关我的事”作为推脱之词来逃避责任，可能在十几年前的生产线上还有用；可是到了今天，这一套已经不管用了。作为一名员工，每天都要这样提醒自己：我必须独立思考并且积极主动！

假设有某位员工失职，其他人所应做的，不应是眼睁睁地看着情况继续恶化下去，而应是想办法补救。

在现实中，很多老板最看重的就是把公司的事情当成自己事情的人，这样的职员任何时候都敢作敢当，勇于承担责任。责任感任何时候都是很重要的。不论对于公司，还是家庭和社交圈子都如此。

“我警告我们公司的每一个人，”美国塞文机器公司前董事长保罗·查莱普说，“假如有谁说‘那不是我的错，那是其他同事的责任’被我听到的话，我一定会开除他，因为这么说话的人明显对我们公司没有足够的兴趣——如果你愿意站在那儿眼睁睁地看着一个醉鬼坐进车子里去开车，或者没有穿救生衣、只有 2 岁大的小孩单独在码头边玩耍——好吧！我是绝不容许我们公司的员工这么做的，你必须跑过去保护那个小孩才行。”

同样地，不管是否是你的责任，只要关系到公司的利益，你都应该毫不犹豫地去维护。因为，假如一个职员要想得到提升，公司的每一件事情都是他的责任。要是你想让老板知道你是一个可造之材的话，那么你最好、最快的方法就是积极地寻找并抓住每一个可以促进公司发展的机会，哪怕不是你的责任，你也要这么做，因为公司的事情就是你的事情。

只有主动地对自己的行为负责、对公司和老板负责、对客户负责的人，才是老板心目中最优秀的员工。

把自己的职责范围划分得很小的人，通常对公司的事务缺乏热情，这样的人永远也难以在老板心中留下好印象。

假如你总是推卸自己的责任，老板也许会看到你有某方面的才华而暂时不会辞退你。但是在老板心中，你一定是一个不能够委以重任的人。

任何时候，“公司的事就是我的事”都不应该是一句简单的口号，而是有责任感的员工的自我意识。

进取心是根除堕落倾向的最佳方法。进取心可以激发出一个人与命运抗争的力量，是取得成功和创造卓越的动力。

世界上有很多人一辈子一事无成，原因就是他们太不思进取了！找到一份稳定的工作，终其一生每天总做着同样的事情，一直到死。而他们竟以为人的一生所能获得的也只能有这么多了。

门捷列夫是俄国著名的化学家，他 18 岁时患了肺结核。在接受治疗的同时，他仍然坚持学习，并以优异成绩从高等师范学校毕业。患病后，医生曾预言他最多只能再活 8 ~ 10 个月，然而，他却以惊人的毅力战胜了病魔，活到了 73 岁。他在化学领域里从事了长达 50 年的研究，发现了举世闻名的元素周期律，这些成绩的取得与他对化学的浓厚兴趣以及强烈进取心是分不开的。

人们经常说，人生中最重要的只有几步。有强烈进取心的人会抓住每一个有利的机会，让自己得到最快最大的进步。

美国著名黑人领袖马丁·路德·金说：“世界上成功的每一件事

都是抱着希望做成的。”人的进取心越大，达到目标的时间就会越短，就像弓被拉得越满，箭就飞得越快越远一样。有了强烈的进取心，以及高远明确的目标，再加上坚强的意志，十年以后你就一定会取得成功。

进取心是人生不竭的动力。一个人只有满怀进取心，才会不畏困难，不轻言失败，才会信心百倍地朝着既定目标迈进，走向成功。一个人的进取心越强烈，成功的可能性就越大；没有进取心，就不可能获得成功。

◎破茧成蝶的金玉良言

想要用“那又不关我的事”作为推脱之词来逃避责任，可能在十几年前的生产线上还有用；可是到了今天，这一套已经不管用了。作为一名员工，每天都要这样提醒自己：我必须独立思考并且积极主动！

不盲目地跳槽

有句话说：“人挪活，树挪死。”经过多次跳槽，没有文凭、没有背景、没有专业知识的情况下，冯一鸣成为某外资化工公司销售经理，并成功走上了创业之路。

冯一鸣在大专毕业后的 5 年时间里，从事过化妆品、化工品和建材的销售，先后跳槽 6 次。他不断跳槽主要是为了吸收和积累客户资源，为自己的创业打好基础。现在，他已经不需要跳槽，因为他开始利用这几年积累下来的客户资源进行创业，成了私营贸易公司的老板。

可以说，冯一鸣的成功，在于他一步步地向上跳。在跳槽的过程中，让他增强了竞争意识，学到新的本事，拓展了自己的人际网络。

当我们的工作不适合自己的时候，思考后跳一跳，说不定就能跳到理想的彼岸。然而，也正是因为有人明白这个道理，所以，很多心浮气躁的年轻人就像鲤鱼跳龙门一样，到处乱跳。但是，跳槽也并不一定都会越跳越好。

在大学里主修广告专业的吴君，刚毕业时在一家广告公司做文案工作。半年后，她的一位在猎头公司工作的朋友给她提供了一个信息：在大公司里做老板秘书不仅薪水高，日子舒服，而且发展前景好，因为很多大公司行政部门的经理都是老板秘书出身。她被说得心动了。

后来，在这位朋友的帮助下，吴君真的进了一家世界 500 强企业做某高层的秘书，但是她很快就发现这份工作不适合自己：每天早上要给老板泡咖啡感觉不平等；上下班打卡感觉不自由；经常加班占用了她很多私人时间……这些都跟自己熟悉并喜欢的广告公司不一样。试用期未满她就赔了违约金，打算重回广告公司，但是这时候她就只能从头开始了。

如此看来，换工作之前，最好要正确认识自己，找到自我的价值所在，并有一个较长期的职业规划才行。

有些年轻人在工作不到一年后就选择跳槽，有的甚至工作仅3个月后就准备重新择业。至于跳槽原因，大多是不满意薪酬待遇，缺乏发展空间，缺乏工作兴趣，难以接受工作环境或企业文化之类的。尽管他们跳槽如此频繁，但是大多数人在跳槽之后产生失落感，认为自己跳槽是不成功的，由于年龄太轻缺乏慎重考虑。

跳槽意味着机会，也意味着风险。要想跳出更大的职业发展空间，跳出更好的薪酬待遇，需要你进行正确的价值判断，准确地给自己定位，明白自己要做什么。在跳槽之前不妨先问自己两个问题——“我为什么跳槽?”“我凭什么跳槽?”并且，把跳槽的理由分析清楚：哪些问题只有通过跳槽才能解决，哪些理由是跳槽也解决不了的。

如果你现在的单位长期拖欠工资、薪金水平严重过低，那么，选择跳槽无可厚非。但如果是因为你不顾自身条件，盲目追求高薪水，而选择频频跳槽就不可取了。你在原来的岗位上已做出一定成绩，如果为了有限的薪水差距，就换单位甚至换行业，就会得不偿失。

你分析自己的职业兴趣和职业能力倾向，了解自己的职业优势和劣势，挖掘自己的职业核心竞争力。同时，对将要从事的岗位，你也要全面深入地加以分析，判断自己与岗位是否匹配。

有些人因为工作不好找，便随便与愿意接收自己的用人单位签约，几个月后，却发现工作并不适合自己，于是再仓促跳槽。所以，工作之前就要认真思考，看自己是不是喜欢这份工作，有没有能力做好它，有没有韧劲坚持到底。如果你对自己也不了解，不妨找一些职业顾问进行咨询，帮助自己找准方向。这样，你经过深思熟虑之后，才不会盲目跳槽。

有一个年轻人应聘了一份会计工作，结果发现领导给她安排一些杂务。她既要做出纳的事情，又要做行政上的事情，根本就没有真正地接触到财务工作。几个月下来，她提出了辞职，她认为招聘单位在“挂羊头卖狗肉”。公司总经理遗憾地表示，其实公司只是想磨炼一下她的耐性，考察她的承受力，顺便让她先熟悉公司的业务情况。公司本准备半年后让她正式做会计工作，而且认为她是有能力的，没想到她自己却放弃了这个机会。

任何岗位都可以锻炼自己，你要让领导相信自己，就算是别人都不愿做的岗位，你也能打理得井井有条，其他岗位你一定也有能力做得出色。

◎破茧成蝶的金玉良言

要想跳出更大的职业发展空间，跳出更好的薪酬待遇，需要你进行正确的价值判断，准确地给自己定位，明白自己要做什么。

工作中尽职尽责

在 18 世纪时，瑞典化学家舍勒在化学领域做出了杰出的贡献，可是瑞典国王毫不知情。在一次去欧洲旅行的旅途中，国王才了解到自己的国家有这么一位优秀的科学家，于是国王决定授予舍勒一枚勋章。可是，负责发奖的官员孤陋寡闻，又敷衍了事。他没能找到那位在全欧知名的舍勒，却把勋章发给了一个与舍勒同姓的人。

当时，舍勒就在瑞典一个小镇上当药剂师。他知道要给自己发一枚勋章，也知道发错了人，但他只是付诸一笑，只当没有那么一回事，仍然埋首于化学研究之中。

舍勒在业余时间里用极其简陋的自制设置，首先发现了氧，还发现了氯、氨、氯化氢以及几十种新元素和化合物。他从酒石中提取酒石酸，并根据实验写成两篇论文，送到斯德哥尔摩科学院。没想到，科学院竟以“格式不合”为理由，拒绝发表他的论文。但是舍勒并不灰心，在他获得了大量研究成果以后，根据这个实验写成的著作终于与读者见面了。32 岁时，舍勒当选为瑞典科学院院士。

假如我们也有舍勒这种埋头苦干、锲而不舍的精神，在平凡中求伟大，那么成功也就离你不远了。在整个社会中，除了一些特殊的人从事特定工作之外，一般人的工作都是很平凡的。虽然是平凡的工作，但只要努力去做，和周围的人配合好，依然可以做出不平凡的成绩。

那种大事干不了、小事又不愿干的心理是要不得的。小至个人，大到一个公司、企业，它们的成功发展，正是来源于平凡工作的积累。公司需要的是能够在平凡中求成长的人，所以能够认真对待每一件事，能够把平凡工作做得很好的人才是能够发挥实力的人。不要看轻任何一项工作，没有人可以一步登天。当你认真对待了每一件事，十年以后，你会发现自己的人生之路越来越广，成功的机遇也会接踵而来。

作为员工，不要总抱怨老板没有给你机会，有空的时候不妨仔细想一想，你是否能够在老板交给你任务时，漂亮地完成任务并且没有那么多的废话？你是否平时就给老板留下了一个能够承担责任、勇于负责的印象？如果没有，你就别抱怨机会不来敲你的门。

当你少一些抱怨、少一些牢骚、少一些理由，多一分认真、多一分责任感、多一分主动的时候，机会也就随之而来了。

一位曾多次受到公司嘉奖的员工说："我因为责任感而多次受到公司的表扬和奖励，其实我觉得自己真的没做什么，我很感谢公司对我的鼓励。其实担当责任或者愿意负责并不是一件困难的事，假如你把它当作一种生活态度的话。"

作为企业的一名员工，有责任遵守公司的一切规定。当你违背了公司的规定却没有足够的理由，形式上的惩罚并不能掩盖你对自身责任的漠视。

在很多教育中，就有关于责任感的训练。注意生活中的细节也有助于责任的养成。大家都说习惯成自然，如果责任感也成为一种习惯时，也就慢慢成了一个人的生活态度，你就会自然而然地去做它，而不是刻意去做它。当一个人自然而然地做一件事情时，当然不会觉得麻烦和累。

当你意识到责任在召唤你的时候，你就会随时为责任而放弃别的什么东西，而且你不会觉得这种放弃对你来讲很不容易。

为了确保按质按量地完成上司布置的工作，你接受任务以后，一定要注意和上司保持联系。与上司进行交流，务必要做到以下几个方面。

(1) 清楚上司希望你做什么

如果你自己都不理解上司让你做什么，那么你就不能正常地完成工作，更无法把这些指示翻译给周围的协作者。如果指示中存在任何问题或者不明确的地方，在行动之前先问清楚。经过缜密思考后提出来的问题不仅能使你对需要做什么有更好的理解，还常常对上司最初的指示加以完善。花几分钟时间弄清指示可以节省几天时间，并确保工作的顺利进行。

(2) 确保工作方案具体明确

一个非常笼统的指示会让你根本无从下手。笼统的指示可以做出各种解释，那样从上司的角度看，其结果经常会事与愿违。所以，一定要避免来自上司的笼统指示，确保自己的工作方案具体明确。

(3) 在一定范围内，提出与上司不同的意见

这又是一个关于服从的话题。对自己来说，在做事的方法上与上司的观点不同是可以被接受的，但这不是目标本身。你是执行公司决定的人，完全有权力讨论如何有效执行某一计划的具体细节问题。但是，你不是计划的制订者，因此，任何涉足这一领域的尝试都被看作是消极的。

(4) 确保工作资源充分

工作中的资源配置，和战场上的后勤给养是一样重要的。为了从事所要求的工作，在资源方面必须与上司获得一致意见。你可能被告知某项任务极为重要，而后却被斥责在完成这项工作方面花费了过多的时间。所以，在工作进行前一定要确保工作资源充分，而且要让上司切实分配工作资源，而不是口头承诺。

◎破茧成蝶的金玉良言

公司需要的是能够在平凡中求成长的人，所以能够认真对待每一件事，能够把平凡工作做得很好的人才是能够发挥实力的人。